普通高等教育电子信息类系列教材

ARM 嵌入式系统原理及应用

主　编　邓耀华
副主编　张巧芬
参　编　王桂棠　刘夏丽

机械工业出版社

本书以目前流行的ARM处理器和易于学习的嵌入式Linux操作系统为核心，系统地介绍了嵌入式系统的概念、原理、基本开发流程和方法。主要内容包括嵌入式系统概述、ARM处理器与编程指令系统、Cortex-A嵌入式处理器程序设计与开发、面向Cortex-A53的嵌入式Linux开发基础、基于Cortex-A53的嵌入式Linux多任务编程、基于Cortex-A53的嵌入式Linux网络编程、基于Cortex-A53的嵌入式Linux系统移植设计。读者可从中系统地学习嵌入式系统的相关知识，并通过实例完成嵌入式系统设计的基础训练。本书的编写思路符合嵌入式系统课程注重实践的学习规律，各章均附有习题，相关章节配有程序代码，供读者参考使用。

本书在讲解嵌入式技术时，融入新工科理念，兼顾了教学、科研和工程开发的需要。本书可作为普通高校机电、电子信息、计算机、仪器、自动化等专业的教材，也可作为从事嵌入式系统开发的工程技术人员的参考资料。

本书配有课件、程序源代码等教学资源，欢迎选用本书作为教材的教师登录www.cmpedu.com注册后免费下载。

图书在版编目（CIP）数据

ARM嵌入式系统原理及应用 / 邓耀华主编. -- 北京：机械工业出版社，2025. 5. --（普通高等教育电子信息类系列教材）. -- ISBN 978-7-111-78068-7

Ⅰ. TP332

中国国家版本馆CIP数据核字第2025EP1305号

机械工业出版社（北京市百万庄大街22号　邮政编码100037）

策划编辑：吉　玲　　责任编辑：吉　玲　侯　颖

责任校对：郑　婕　李小宝　　封面设计：张　静

责任印制：邓　博

河北鑫兆源印刷有限公司印刷

2025年6月第1版第1次印刷

184mm×260mm・12.5印张・300千字

标准书号：ISBN 978-7-111-78068-7

定价：49.00元

电话服务　　网络服务

客服电话：010-88361066　　机　工　官　网：www.cmpbook.com

010-88379833　　机　工　官　博：weibo.com/cmp1952

010-68326294　　金　书　网：www.golden-book.com

封底无防伪标均为盗版　　机工教育服务网：www.cmpedu.com

前言

PREFACE

嵌入式系统技术在当今世界的信息科技领域占据着至关重要的地位。从智能手机、物联网设备到工业自动化和汽车控制，嵌入式系统无处不在，它们已成为现代生活和产业不可或缺的一部分。本书旨在帮助读者深入了解嵌入式系统的核心概念、发展历程及相关技术，聚焦于 ARM 处理器和嵌入式 Linux 的应用。

第 1 章介绍了嵌入式系统的基本概念，从嵌入式系统的定义、发展历程、应用领域和分类等方面进行了全面介绍。此外，还介绍了本书的内容编排，以帮助读者更好地使用本书。

第 2 章深入探讨了 ARM 处理器，包括不同版本的 ARM 处理器和 Cortex-A 系列处理器。通过本章的学习读者可以了解 ARM 处理器的编程模型和指令系统，以及 Cortex-A53 嵌入式处理器的指令系统的细节。

第 3 章重点关注基于 Cortex-A53 的嵌入式程序设计与开发，学习如何使用 Cortex-A53 进行嵌入式程序设计，包括嵌入式 C 语言程序设计和程序开发的基本方法。

第 4 章引入嵌入式 Linux，介绍了嵌入式 Linux 内核和文件系统的基础知识。这对于理解如何在基于 Cortex-A53 的嵌入式系统上进行 Linux 应用程序开发至关重要。

第 5 章深入研究了嵌入式 Linux 的多任务编程，包括进程、线程和进程间通信的概念。此外，还包含了基于 Cortex-A53 的多任务间通信设计案例，以帮助读者更好地理解多任务编程的实际应用。

第 6 章关注嵌入式 Linux 网络编程，通过从 Linux 网络编程基础到嵌入式 Linux 网络编程的实际应用案例，读者将了解如何在基于 Cortex-A53 的嵌入式系统上进行网络编程，并实现 SSH 远程登录开发板等功能。

第 7 章探讨了基于 Cortex-A53 的嵌入式 Linux 系统移植设计，包括 U-Boot 及其基本结构。此外，还提供了基于 Cortex-A53 的嵌入式 Linux 移植案例，帮助读者理解如何将 Linux 系统移植到不同的硬件平台上。

本书的编写得到了众多专家和同行的支持和指导，他们的专业意见和评审使本书内容更加准确、有用，感谢他们的帮助和支持。

由于嵌入式系统技术的不断发展和变化，本书难免存在不足之处。欢迎读者提出宝贵的意见和建议，以便不断改进和完善本书。希望本书能够帮助读者更好地理解和应用嵌入式系统技术。

编　者

目录

CONTENTS

第 1 章　嵌入式系统概述

1.1　嵌入式系统的基本概念

嵌入式系统是以应用为中心，以现代计算机技术为基础，能够根据用户需求（功能、可靠性、成本、体积、功耗、环境等）灵活裁剪软 / 硬件模块的专用计算机系统。与通用计算机不同，嵌入式系统通常是小型化和集成化的，它们通常不支持多任务操作系统，而是专注于完成一个或多个具体任务。嵌入式系统广泛应用于汽车、医疗设备、手机、数码相机等许多领域。

嵌入式系统通常由处理器、内存、输入 / 输出接口、外设、通信接口、操作系统和应用软件组成。它们被设计为协同工作，以完成特定的任务。相比通用计算机，嵌入式系统的硬件设计更加紧凑，通常会尽可能地减少功耗、空间和成本。

嵌入式系统需要使用各种编程语言进行开发，例如汇编语言和高级语言等。嵌入式系统程序通常需要和外部硬件进行交互，因此开发人员需要熟悉硬件编程和接口编程的知识。

嵌入式系统的设计和开发需要严格遵守质量标准，因为有些系统通常用于安全关键型应用，例如医疗设备、航空航天等。因此，开发人员需要掌握各种相关工具和技术，以确保软件的质量、可靠性和稳定性。

1.2　嵌入式系统技术的发展历史与应用

1.2.1　嵌入式系统硬件的发展历史

随着科技的不断发展，嵌入式系统硬件经历了多个阶段的演变。最初的嵌入式系统使用的是 8/16 位单片机；随着应用需求的增加，32 位单片机、DSP、FPGA 等逐渐成为主流；后来，随着社会和科技的快速发展，嵌入式系统硬件又迎来了一次革新，即 SOC（系统级芯片）的发展。

8/16 位单片机：1976 年，Intel 公司推出了 MCS-48 单片机，这个只有 1KB ROM 和 64B RAM 的简单芯片成为世界上第一个单片机，同时也开创了将微处理器系统的各种除 CPU 以外的资源（如 ROM、RAM、定时器、并行口、串行口及其他各种功能模块）集成到 CPU 上的时代。1980 年，Intel 公司对 MCS-48 单片机进行了全面完善，推出了 8 位 MCS-51 单片机，并获得巨大成功，奠定了嵌入式系统的单片机应用模式。至今，MCS-51 单片机仍在大量使用。1984 年，Intel 公司又推出了 16 位的 8096 系列，并将其称为嵌入式微控制器，这可能是“嵌入式”一词第一次在微处理器领域出现。8 位或 16 位单片机的主要优点是尺寸小、成本低、功耗低、容易编程、易于维护；缺点是性能有限、存储容量较小。

32 位单片机：20 世纪 90 年代开始，伴随着网络时代的来临，网络、通信、多媒体技术得以发展，8/16 位单片机在速度和内存容量上已经很难满足这些领域的应用需求。且由于集成电路技术的发展，32 位微处理器价格不断下降，综合竞争能力已可以和 8/16 位单片机媲美。32 位单片机具有高性能、大存储容量、丰富的接口等特点，因此可以用于更复杂的嵌入式系统。这种类型的单片机通常使用高级语言进行编程，例如 C、C++ 等。32 位单片机的主要优点是性能好、存储容量大、接口丰富，且易于编程。然而，由于 32 位单片机成本较高，仅适合用于中高端嵌入式系统。

DSP：为了高速、实时地处理数字信号，1982 年诞生了首枚数字信号处理芯片（DSP）。DSP 是模拟信号转换成数字信号以后进行高速实时处理的专业处理器，其处理速度比当时最快的 CPU 还要快 10 ～ 50 倍。随着集成电路技术的发展，DSP 芯片的性能不断提高，目前已广泛用于通信、控制、计算机等领域。

FPGA：现场可编程门阵列（FPGA）是一种可以在设计后重新编程的硬件设备。FPGA 通常用于高速处理、大数据处理、数字信号处理等领域。FPGA 的主要优点是可编程性好、性能优越、灵活性强，可以根据不同的应用需求进行重新编程，且容易实现硬件加速。因此，它适合用于高端复杂嵌入式系统。

SOC：系统级芯片（SOC）是一种将处理器、内存、输入 / 输出接口、外设、通信接口等集成在一起的芯片。SOC 具有高度集成、低功耗、小尺寸等特点，主要用于智能手机、平板计算机、电视、机器人等领域。

1.2.2 嵌入式系统的应用领域

嵌入式系统的应用领域非常广泛，包括但不限于以下几个方面。

消费电子：嵌入式系统在智能手机、平板计算机、数字相机等消费电子产品中得到了广泛应用。利用嵌入式系统的高度集成化和低功耗性能，这些设备不仅实现了各种高级功能，而且能够更加节电。

机器人：嵌入式系统在机器人领域中也起到了至关重要的作用。机器人需要高精度的运动控制，而嵌入式系统可以帮助机器人完成这个任务。机器人还需要各种传感器和模块，而这些模块和传感器也可以通过嵌入式系统来控制。

工业控制：工业自动化和控制是嵌入式系统另一个重要的应用领域。嵌入式系统可以帮助实现各种自动化控制系统，如自动化流水线、机器人控制和设备监控等。利用嵌入式系统的高度集成化和高性能，这些自动化控制系统可以更加高效地运行。

航空航天：嵌入式系统在航空航天领域中也发挥着重要的作用。它们可以被用于实现各种导航、控制和监测任务，如航空仪表、引擎控制和导弹导航等。嵌入式系统的高可靠性和高性能使得它们成为这些关键应用中的首选技术。

1.3　嵌入式系统的分类

1.3.1　嵌入式系统处理器的分类

嵌入式系统的硬件核心是嵌入式处理器。区分嵌入式处理器的一个重要指标就是“位数”，即处理器处理二进制数据的宽度。常说的某处理器是 8 位或 16 位，指的就是这一参数。

嵌入式处理器已从最初的 4 位、8 位发展到了今天的 16 位、32 位，甚至 64 位。嵌入式系统的发展非常迅猛，品种繁多，据不完全统计，全世界嵌入式处理器的品种总量已经超过 1000 种，仅流行的体系结构就有 30 种以上，其中比较熟悉的有 8 位 MCS-51 系列和现在流行的 32 位 ARM 系列。

除了按位数来划分外，要对嵌入式处理器进行准确分类是一件困难的事情，很难找到公认的统一的标准。不管如何划分，总是存在争议。目前，业界有关嵌入式处理器的分类主要有：MPU、MCU、DSP、GPU、SoC 和 CPLD。

1. 嵌入式微处理器（MPU）

嵌入式微处理器（Microprocessor Unit，MPU）由通用计算机的 CPU 演化而来。由于嵌入式系统通常应用于比较恶劣的环境中，因而嵌入式处理器在工作温度、电磁兼容性及可靠性方面的要求较通用的标准微处理器的要高。为满足这些特殊要求，就需要对处理器进行“增强”处理。嵌入式微处理器具有体积小、重量轻、成本低、可靠性高等优点。嵌入式处理器目前主要有 Am186/88、386EX、SC-400、PowerPC、68000、MIPS 和 ARM 系列等。

2. 嵌入式微控制器（MCU）

MCU 又称“单片机”。顾名思义，单片机就是将整个计算机系统集成到一块芯片中。MCU 一般将处理器内核（CPU）、ROM/Flash、RAM、总线、定时器 / 计数器、看门狗、并行口、串口行、脉宽调制输出、A/D 及 D/A 等各种必要的功能和外设集成到一块芯片中。为适应不同的应用需求，一个系列的单片机往往具有多种衍生产品，每种衍生产品的处理器内核都是一样的，不同的是存储器的大小和外设的多少及封装的不同。这样可以使单片机最大限度地匹配实际需要，从而降低成本和功耗。

和 MPU 相比，MCU 的最大特点是单片化、体积大大减小、可靠性提高。MCU 片上外设资源一般比较丰富，适合于控制，因此被称为微控制器。通常，嵌入式微控制器可分为通用和半通用两类。比较有代表性的通用系列包括 8051、P51XA、MCS-251、MCS-96/196/296、C166/167、MC68HC05/11/12/16、68300、H8 等。而比较有代表性的半通用系列包括支持 USB 接口的 MCU 8XC930/931、C540、C541，以及支持 I^2C、CAN 总线、LCD 等的众多专用 MCU 和兼容系列。

特别值得注意的是，近年来提供 x86 微处理器的著名厂商 AMD 公司，将 Am186CC/CH/CU 等嵌入式处理器称为 MCU，Motorola 公司把以 PowerPC 为基础的 PPC505 和 PPC555 亦列入 MCU 行列，TI 公司亦将其 TMS320C2XXX 系列 DSP 作为 MCU 进行推广。

这一做法使得嵌入式处理器的分类更加模糊。

3. 嵌入式数字信号处理器（DSP）

DSP 是一种特殊的微处理器。它对 CPU 的系统结构和指令进行了特殊设计，编译效率较高，指令执行速度也快，能够实时地完成各种数字信号处理算法。理论上这些算法也可由普通嵌入式处理器完成，但实时性往往达不到要求。在数字滤波、FFT 及频谱分析等方面，DSP 被广泛应用。

嵌入式 DSP 处理器有两个发展方向：一是 DSP 处理器经过单片化、EMC 改造、增加片上外设成为嵌入式 DSP 处理器，TI 的 TMS320C2000/C5000 等就属于此范畴；二是在通用 MCU 或 SoC 中增加 DSP 协处理器，例如 Intel 的 MCS-296 和 Infineon 的 TriCore 等。另外，在有关智能方面的应用中，也需要嵌入式 DSP 处理器，例如指纹识别、实时图像 / 语音解压系统等。这类智能化算法一般运算量大，对实时性要求高，特别适合 DSP 处理。

4. 图形处理器（GPU）

图形处理器（Graphic Processing Unit，GPU）与 DSP 类似，GPU 也属于一种特殊的微处理器。GPU 是相对于 CPU 的一个概念，由于在现代的计算机中（特别是家用系统，游戏的发烧友）图形的处理变得越来越重要，需要一个专门的图形的核心处理器。

GPU 是显示卡的“大脑”，它决定了该显卡的档次和大部分性能，同时也是 2D 显示卡和 3D 显示卡的区别依据。2D 显示芯片在处理 3D 图像和特效时主要依赖 CPU 的处理能力，称为“软加速”。3D 显示芯片是将三维图像和特效处理功能集中在显示芯片内，也即所谓的“硬件加速”功能。显示芯片通常是显示卡上最大的芯片（也是引脚最多的）。现在市场上的显卡大多采用 NVIDIA 和 AMD-ATI 两家公司的图形处理芯片。

5. 嵌入式片上系统（SoC）

随着半导体设计技术和半导体生产工艺的迅速发展，在一个硅片上实现一个复杂系统的时代已来临，这就是 SoC。SoC 真正发展也就是近些年的事，但发展势头非常迅猛。这主要得益于 EDA（电子设计自动化）的推广和 VLSI（超大规模集成电路）设计的普及化及工艺的突破。SoC 的设计并不复杂，将通用处理器内核作为 SoC 设计公司的标准库。和许多其他嵌入式系统外设一样，SoC 用标准的 VHDL 等语言进行描述，成为 VLSI 设计器件库中一种标准组件。用户只需使用 EDA 工具定义出其整个应用系统，仿真通过后就可以将设计图交给半导体工厂制作样品。这样，除个别无法集成的器件以外，整个嵌入式系统大部分均可集成到一块或几块芯片中去，应用系统电路板将变得很简洁，对于减小体积和功耗、提高可靠性非常有利。

SoC 可以分为通用和专用两类。通用系列包括 Infineon 的 TriCore、Motorola 的 M-Core、大多数 ARM 处理器芯片、Echelon 和 Motorola 联合研制的 Neuron 芯片等。专用 SoC 一般专用于某个或某类系统中，不为一般用户所知。一个有代表性的专用产品是 Philips 的 Smart XA，还有专为 CDMA 或 3G 手机设计的 ARM 芯片等。

6. 复杂可编程逻辑器件（CPLD）

复杂可编程逻辑器件（Complex Programmable Logic Device，CPLD）是一种可编程

逻辑器件，相较于 FPGA 而言规模较小，但是可以提供比较高的灵活性。CPLD 通常由多个可编程逻辑模块、存储单元、输入 / 输出接口等组成，支持可重构和可定制的逻辑功能。

CPLD 的主要特点有：较高的性能和可编程性，具有比 FPGA 更强的可靠性和电磁兼容性；功耗低、面积小，因此比较适合用于小型嵌入式系统中。对于那些逻辑功能比较固定且需要高性能的系统来说，CPLD 是一个非常合适的选择。CPLD 广泛应用于通信、医疗、工业控制、航空航天等领域。

现在，随着对处理速度的要求越来越高，同时处理的数据更加复杂，出现了双核与多核处理器，通常为 DSP+RISC 内核，如手机中就有许多 ARM+DSP。随着一些应用市场的崛起，又出现了一些新名词，例如用于网络、通信设备上的通信处理器，用于数码相机、数码录像机等视频 / 音频流所需的媒体处理器，用于智能手机上的应用处理器等。那么，在可预见的将来，嵌入式处理器会有什么样的发展趋势呢？

32 位处理器正在兴起，市场的发展加速了观念的变化，观念的变化又促进了市场的发展。8 位 MCU 的市场已逐步趋向稳定，32 位 MPU 和 SoC 代表着嵌入式技术的发展方向。

32 位处理器应用范围扩大的驱动因素主要有以下两个方面。

第一，手机、数码相机、MP3 播放机、PDA、游戏机等手持设备及各种智能家电等有更高性能要求的多媒体和通信设备的推出，促进了 32 位处理器的应用。在这些应用中，庞大的多媒体数据必然需要更大的存储空间，目前许多 32 位微控制器都可以使用同步 SDRAM，因此可极大地降低使用更大容量数据存储器的成本。而 8 位微控制器一般只能使用成本较高的 SRAM 作为数据存储器。此外，除了处理应用控制功能之外，还有需要支持因特网接入的应用。在 MCU 运行 TCP/IP 或其他通信协议的情况下，要求系统建立在 RTOS 上就必然成为一种现实需求，而 8 位单片机难以胜任。另外，越来越多的像电视机、汽车音响及电子玩具等传统应用也与时俱进地提出了数字化和“硬件软化”的要求，它们对计算性能的要求及存储器容量的需求都超出绝大多数 8 位微控制器能提供的范围。

第二，IT 技术的发展推动着高端 32 位 CPU 价格的不断下降，且开发环境日趋成熟，这些促使 32 位嵌入式处理器日益挤压原先由 8 位微控制器主导的应用空间。随着 32 位处理器在全球范围的流行，32 位的 RISC 嵌入式处理器已经开始成为高中端嵌入式应用和设计的主流。一方面，随着第三方的开发工具支持的不断增加，开发工具的价格在逐步降低；另一方面技术供应商在不断提高开发工具的灵活性和智能化程度，使得开发环境不断改善。

为了满足多内核与 SoC 设计的需要，一些厂家专门供应处理器内核的 IP（也包括外设的 IP），主要有 16 位、32 位和 64 位，有软核与硬核之分。在这一方面，ARM 公司是一个非常成功的例子。多内核处理器和 SoC 市场发展前景广阔，我们有理由相信会有越来越多的公司提供处理器 IP，也会有越来越多的组织选用这些 IP。

可编程处理器也是处理器的一个发展方向。许多传统的单片机公司利用片内 Flash 来实现现场可编程，如 Atmel、Microchip 等公司最先推出这类产品，现在几乎所有的 8 位单片机公司都推出了这种可现场编程的单片机。但这里所说的可编程是指对处理器本身的定制，即通过编程的办法现场“制造”出用户所需要的处理器。

可编程处理器主要有 CPU+FPGA 和 PSOC（Programmable System on a Chip）。前者 FPGA 厂商大显身手，Altera 公司推出了 SOPC（System on Programmable Chip）概念，Xilinx 公司也有类似产品。途径是通过 FPGA 进行编程，其面临的问题是成本与功耗的问题。后者由 Cypress 公司提出，该产品被美国 EDN 杂志评为 2003 年度“热门产品”。PSOC 的方法是大马拉小车，首先做出一个功能齐全的 SoC，用户可根据需要选择用哪些外设和精度，例如 A/D 还是 D/A、精度是 8 位还是 12 位。处理器的可编程将引起一个有趣的现象：在开发嵌入式系统软件之前要先把处理器定制好。

1.3.2 嵌入式操作系统的分类

嵌入式操作系统（EOS）是一种用于嵌入式系统的软件系统，它负责分配与调度软件和硬件资源、控制与协调并发活动，并能够根据所在系统的特征来装载和卸载模块，以实现所需的功能。嵌入式操作系统经历了四个明显的阶段：第一个阶段是无操作系统的嵌入式算法阶段；第二个阶段是以嵌入式 CPU 为基础的，使用简单操作系统的嵌入式系统阶段；第三个阶段是通用的嵌入式实时操作系统阶段，这是目前广泛应用的操作系统；第四个阶段是基于 Internet 的嵌入式系统阶段，这是一个快速发展的阶段。

目前的嵌入式操作系统可以分为两类：实时操作系统和非实时操作系统。实时操作系统面向控制、通信等领域，如 WindRiver 公司的 VxWorks、ATI 的 Nucleus、QNX 系统软件公司的 QNX 等，具有对响应时间严格要求的硬实时系统和对任务运行速度有要求的软实时系统。非实时操作系统则面向消费电子产品，如 Windows CE、Linux 等。

在实时多任务系统中，内核负责管理各个任务，为每个任务分配 CPU 的时间，并且负责任务之间的通信。内核提供的基本服务是任务切换。使用实时内核可以将应用分成若干个任务，由实时内核来管理它们，从而简化应用系统的设计。但内核本身也会增加内存使用量和 CPU 负荷（通常为 2% ～ 5%），特别是在硬实时系统中，系统响应时间不能满足要求可能会导致系统崩溃或产生致命的错误，因此需要仔细考虑操作系统的选择和配置。

下面来介绍几种目前市场上流行的嵌入式操作系统。

1. VxWorks

VxWorks 是美国风河公司（WindRiver）于 1983 年设计开发的一种实时嵌入式操作系统（RTOS），它支持多种处理器，如 x86、i960、Sun Sparc、Motorola MC68xxx、MIPS RX000、Power PC 等。大多数的 VxWorks API 是专有的。

VxWorks 以其良好的持续发展能力、高性能的内核、友好的用户开发环境、高可靠性和实时性被广泛应用于通信、军事、航空、航天等高精尖技术及对实时性要求极高的领域中，如卫星通信、军事演习、弹道制导、飞机导航等。在美国的 F-16 和 FA-18 战斗机、B-2 隐形轰炸机和爱国者导弹上，甚至连 1997 年 4 月在火星表面登陆的火星探测器上也使用到了 VxWorks。

VxWorks 的实时性做得非常好，其系统本身的开销也很小，进程调度、进程间通信、中断处理等系统公用程序精练而有效，延迟很短。VxWorks 提供的多任务机制中对任务的控制采用了占先式（Preemptive Priority Scheduling）和轮转调度（Round-robin Scheduling）机制，充分保证了实时性，使同样的硬件配置能满足更强的实时性要求，为应用开发留下了更大的余地。

由于 VxWorks 的高度灵活性，用户可以很容易地对这一操作系统进行定制或做适当开发，以满足自己的实际应用需要。

2. 嵌入式 Linux

自由免费软件 Linux 是一个类似于 UNIX 的操作系统。嵌入式 Linux 由于代码开放及强大的网络功能，在嵌入式产品的开发中具备巨大的潜力。本书将以嵌入式 Linux 为例介绍嵌入式操作系统。

嵌入式 Linux 的优点如下。

- Linux 是由很多体积小且性能高的微内核系统组成。在内核代码完全开放的前提下，不同领域和不同层次的用户可以根据应用的需要方便地对内核进行改造，以低成本设计开发出满足自己需要的嵌入式系统。
- Linux 诞生于因特网时代并具有 UNIX 的特性，强大的网络功能保证了它支持所有标准的因特网协议，可以利用 Linux 的网络协议栈开发嵌入式的 TCP/IP 网络协议栈。此外，Linux 还支持 EXT2、FAT16、FAT32、romfs 等文件系统，为开发嵌入式系统打下了很好的基础。
- Linux 具备一整套工具链，容易自行建立嵌入式系统的开发环境和交叉运行环境，可以跨越嵌入式系统开发中仿真工具的障碍。Linux 也符合 IEEE POSIX.1 标准，使应用程序具有较好的可移植性。
- 传统的嵌入式程序调试和调试工具是用在线仿真器（ICE）实现的。它通过取代目标板的微处理器，给目标程序提供一个完整的仿真环境，完成监视和调试程序，但一般价格比较昂贵。使用嵌入式 Linux，一旦软硬件能够支持正常的串口功能，即使不用仿真器，也可以很好地进行开发和调试工作，从而节省一笔不小的开发费用。嵌入式 Linux 为开发者提供了一套完整的工具链。它利用 GNU 的 GCC 作编译器，用 GDB、KGDB、xGDB 作调试工具，能够很方便地实现从操作系统到应用软件各个级别的调试。
- Linux 具有广泛的硬件支持特性。无论是 RISC 还是 CISC、32 位还是 64 位等各种处理器，Linux 都能运行。Linux 支持各种主流硬件设备和最新硬件技术，甚至可以在没有存储管理单元（MMU）的处理器上运行（如 μCLinux）。这意味着嵌入式 Linux 具有更广泛的应用前景。

嵌入式 Linux 也存在着一些不足。

- 实时性是嵌入式操作系统的基本要求。由于 Linux 还不是一个真正的实时操作系统，内核不支持事件优先级和占先实时特性，所以在开发嵌入式 Linux 的过程中，首要问题是扩展 Linux 的实时性能。
- Linux 内核的所有部分都集中在一起，而且所有的部件在一起编译连接。这样虽然能使系统的各部分直接沟通，有效地缩短任务之间的切换时间，提高系统的响应速度和 CPU 的利用率，但在系统比较大时体积也比较大，与嵌入式系统容量小、资源有限的特点不符。

- Linux 需要占用较多的存储器。虽然这可以通过减少一些不必要的功能来弥补，但可能会很浪费时间，而且容易带来很大的麻烦。许多 Linux 的应用程序都要用到虚拟内存，这在许多嵌入式系统中是没有价值的。
- 提供完整的集成开发环境是每一个嵌入式系统开发人员所期待的。Linux 在基于图形界面的特定系统定制平台的研究上，与 Windows 操作系统相比还存在差距。因此，要使嵌入式 Linux 在嵌入式操作系统领域中的优势更加明显，整体集成开发环境还有待提高和完善。

3. Android

Android 是由 Google 开发的一种基于 Linux 内核的开源移动操作系统。它首次在 2008 年推出，随后迅速成为全球受欢迎的移动操作系统之一。Android 具有以下几个主要特点。

- 开源性。Android 是一种开源操作系统，这意味着其源代码可供任何人免费获取、修改和分发。这使得开发者可以自由地进行定制和创新，以满足各种不同的需求。
- 硬件适配性。Android 可以运行在各种不同的硬件平台上，从低端的便宜手机到高端的旗舰手机，甚至平板计算机和智能手表等均可。这种硬件适配性使得 Android 成为一种非常灵活的操作系统。
- 广泛和多样化的应用程序生态系统。Android 拥有广泛和多样化的应用程序生态系统，用户可以在 Google Play 中下载各种应用程序，涵盖了几乎所有类型的应用，从社交媒体、游戏到办公软件等。
- 灵活的用户体验。Android 系统具有灵活和自由的用户体验，可以进行各种个性化设置，如自定义主屏幕、桌面小部件和主题等。此外，Android 还提供了多任务处理、通知管理和快速设置等功能，为用户提供了更好的体验。
- 丰富的开发者工具和 API。Android 提供了丰富的开发者工具和 API，开发人员可以轻松地创建各种应用程序。这些工具包括 Android Studio 集成开发环境、Android SDK 和 NDK、Google Play 服务和 Google Cloud 平台等。此外，Android 还提供了丰富的 API 和框架，如 Android 应用程序框架、Android 消息机制和 Android 图形引擎等。
- 一定的安全性。Android 系统具有一定的安全性，但由于其开放性和广泛性，也存在一些安全问题。为了解决这些问题，Google 不断改进 Android 的安全性，例如定期推出安全更新和在 Google Play 中审核应用程序。

总之，Android 是一种非常流行和成功的嵌入式操作系统，具有开源、灵活、可定制、可扩展等特点。它为用户提供了丰富的应用程序和灵活的用户体验，为开发者提供了丰富的工具和 API，这使其成为一种非常适合移动设备的操作系统。

4. iOS

iOS 是苹果公司开发的移动操作系统，于 2007 年首次推出。与 Android 相比，iOS 系统有一些独特的特点。

- 封闭性。iOS 是一个封闭的操作系统，只能在苹果公司生产的设备上运行。这意味着苹果公司可以更好地控制操作系统和设备的整个生态系统，这也使得 iOS 具有更高的稳定性和安全性。

- 硬件和软件的整合性。由于苹果公司在 iOS 和设备硬件上的整合性设计，iOS 能够更好地利用设备的硬件性能，提供更出色的用户体验。例如，iOS 与设备的摄像头、触摸屏、指纹识别和语音助手等硬件的整合性都非常出色。
- 良好的用户体验。iOS 具有简洁、流畅和一致的用户体验，对用户友好且易于使用。与 Android 相比，iOS 提供了更加一致的设计语言和交互模式，用户能够更快地上手。
- 强大的应用程序生态系统。iOS 在应用程序生态系统上也非常强大，其 App Store 拥有数以百万计的应用程序，并提供了安全可靠的应用程序审核机制，这使得 iOS 的应用程序质量更加可靠。
- 丰富的开发者工具和 API。iOS 为开发者提供了 Xcode 集成开发环境和丰富的 API 和框架，使开发者能够轻松地创建各种应用程序。iOS 还提供了丰富的开发者支持，包括开发者论坛、教程和工具等。
- 高安全性。iOS 具有非常高的安全性，其系统架构和安全机制能够保护用户数据和隐私。例如，iOS 采用了硬件加密技术和设备锁定等安全机制，以确保用户数据的安全。

总之，iOS 是一个高度封闭、设计整合性强、用户体验优秀、应用程序生态系统强大、开发者工具丰富、安全性高的移动操作系统。这些特点使得 iOS 在消费者和企业市场中广受欢迎，并成为移动操作系统中的引领者之一。

随着互联网的迅速发展及微处理器的性能不断提高和成本降低，嵌入式系统的应用范围不断扩大。嵌入式操作系统将在通信、汽车、医疗、安全等领域发挥更广泛的作用，同时在消费类电子产品中也显示出强劲的增长势头，特别是移动终端设备的快速普及，将会大大促进嵌入式操作系统的发展。

在嵌入式操作系统市场的激烈竞争中，各个厂商根据自己的产品定位，在不同的垂直市场上拥有自己的优势。如 WindRiver 在通信、医疗等领域有一定的优势，同时也拥有自己的客户群。而 Nucleus、Windows CE、Palm、Symbian 和 Linux 阵营则在消费类电子等领域占据优势。

我国的嵌入式操作系统市场正处于快速增长期。工信部及相关部门对我国嵌入技术的开发和应用给予了全面的支持。无论是在政策导向、标准制定、电子生产发展基金立项，还是在倍增计划款项目和贴息等方面，都对嵌入技术及其应用给予了力所能及的支持。当前，我国嵌入式操作系统的主要客户分布在电信、医疗、汽车、安全和消费类等行业，未来的增长动力主要来自消费类电子等领域。

1.4　本书内容编排

本书主要讲解了嵌入式系统及 ARM 处理器的相关知识，包括嵌入式系统概述、ARM 处理器与编程指令系统、Cortex-A 嵌入式处理器程序设计与开发、面向 Cortex-A53 的嵌入式 Linux 开发基础、基于 Cortex-A53 的嵌入式 Linux 的多任务编程等内容，并结合

Orange Pi 3 LTS 开发板对书中的实例进行了验证。本书内容具体编排如下。

第 1 章嵌入式系统概述。介绍了嵌入式系统的基本概念、技术的发展历史与应用、分类，以及本书内容编排等内容。其中，嵌入式系统的分类包括处理器分类和操作系统分类，读者可以了解不同类型的嵌入式系统的特点和应用场景。

第 2 章 ARM 处理器与编程指令系统。介绍了 ARM 处理器的基础知识，包括版本、体系结构等内容。此外，还介绍了 Cortex-A 处理器的特点和常用处理器 Cortex-A53，以及 ARM 微处理器编程模型和指令系统。读者可以了解 ARM 处理器的编程特点和编程方式，以及常用的指令集和编码格式。

第 3 章 Cortex-A 嵌入式处理器程序设计与开发。主要介绍了基于 Cortex-A53 的嵌入式程序设计，包括嵌入式汇编程序设计、嵌入式编译模式与开发环境、嵌入式汇编语言的伪操作、伪指令与宏指令、GNU 编译器下的伪操作与伪指令，以及嵌入式 C 语言程序设计、GNU 下嵌入式 C 程序开发、C 程序与汇编程序的相互调用规则、嵌入式 C 程序设计实例等内容。本章还介绍了基于 Cortex-A53 的嵌入式程序开发，包括处理器的启动及工作模式切换程序开发、处理器的 I/O 控制程序开发和处理器的串行通信程序开发。

第 4 章面向 Cortex-A53 的嵌入式 Linux 开发基础。主要介绍了面向 Cortex-A53 的嵌入式 Linux 开发基础，包括嵌入式 Linux 内核、Linux 内核架构、编译 Linux 内核、下载 Linux 内核、Linux 内核调试，以及嵌入式 Linux 文件系统基础、Flash 存储器、RAM 存储器、文件系统简介、EXT4 文件系统、FAT32 文件系统、NFS 文件系统和 SSHFS 文件系统等内容。本章还介绍了基于 Cortex-A53 的嵌入式 Linux C 语言开发基础，包括编辑器 VIM 的使用方法和编译器 ARM-Linux-GCC 的使用方法。

第 5 章基于 Cortex-A53 的嵌入式 Linux 多任务编程。首先介绍了嵌入式多任务的基本概念，包括进程级多任务、线程级多任务，以及多任务处理的特点。然后介绍了嵌入式 Linux 的进程，包括进程的概念、进程的终止与退出状态等，并介绍了进程之间如何进行通信。接下来，介绍了线程的概念及线程的创建、取消、互斥等。最后，给出了基于 Cortex-A53 的多任务间通信设计案例，涉及生产者 - 消费者问题、数据库管理系统等。

第 6 章基于 Cortex-A53 的嵌入式 Linux 网络编程。主要介绍了基于 Cortex-A53 的嵌入式 Linux 网络编程，包括 Linux 网络编程基础、嵌入式 Linux 网络编程、Orange Pi 3 LTS 网络连接、SSH 远程登录开发板和基于 Cortex-A53 的网络编程应用案例等内容。在网络编程基础部分，主要讲解了网络编程的概念、协议栈和通信模型、Socket 编程的基础知识等。在嵌入式 Linux 网络编程部分，主要介绍了嵌入式 Linux 系统的网络配置、Socket 编程实例、嵌入式 Linux 系统下的网络调试与优化等。此外，还介绍了 Orange Pi 3 LTS 网络连接和 SSH 远程登录开发板的相关操作。最后，给出了基于 Cortex-A53 的网络编程应用案例，帮助读者更好地理解和应用所学知识。

第 7 章基于 Cortex-A53 的嵌入式 Linux 系统移植设计。主要介绍了 Cortex-A53 嵌入式 Linux 系统移植设计，包括 U-Boot 概述、U-Boot 的基本结构、基于 Cortex-A53 的嵌入式 Linux 移植案例等内容。在 U-Boot 概述部分，主要讲解了 U-Boot 所支持的嵌入式平台、U-Boot 的安装位置、U-Boot 的启动过程、U-Boot 与主机的通信、U-Boot 的操作模式等。在 U-Boot 的基本结构部分，主要介绍了 U-Boot 的 stage1 和 stage2。最后，给出了基于 Cortex-A53 的嵌入式 Linux 移植案例，包括使用的硬件平台、文件系统制作、系统测试等。通过本章的学习，读者可以了解嵌入式 Linux 系统移植的基本知识和技能，掌握 Cortex-A53 嵌入式 Linux 系统移植的实现方法。

习题

1-1　什么是嵌入式系统？试列举出一些生活中常见的嵌入式产品。

1-2　嵌入式系统的特点是什么？

1-3　嵌入式操作系统有哪些？

第 2 章　ARM 处理器与编程指令系统

2.1　ARM 处理器版本

2.1.1　ARM 处理器系列

目前，ARM 所提供的 16/32 位嵌入式 RISC 内核主要有以下几个系列：ARM7、ARM9、ARM9E、ARM10、ARM11、Cortex。其中每一系列又根据其各自包含的功能模块而分成多种。每个系列的产品的设计都尽量遵循高性能、低功耗的原则以满足用户日益复杂的应用需求。

1. ARM7 系列

ARM7 系列包括 ARM7TDMI（ARM7TDMI-S）处理器内核和在此基础上发展起来的 ARM710T/720T/740T 等带 Cache 的内核。该系列处理器提供 Thumb 16 位压缩指令集和 Embedded ICE JTAG 软件调试方式，适合应用于更大规模的 SoC 设计中。其中 ARM720T 高速缓冲处理宏单元还提供 8KB 缓存、存储器管理单元（MMU）和写缓存，是一款高性能处理器，可以支持 Linux、Windows CE 等操作系统。

ARM7 微处理器系列具有如下特点。

1）嵌入式 ICE-RT 逻辑，调试开发方便。

2）极低的功耗，适合对功耗要求较高的应用，如便携式产品。

3）能够提供 0.9MIPS/MHz 的三级流水线结构。

4）代码密度高并兼容 16 位的 Thumb 指令集。

5）对操作系统的支持广泛，包括 Windows CE、Linux、Palm OS 等。

6）指令系统与 ARM9 系列、ARM9E 系列和 ARM10E 系列兼容，便于用户产品升级换代。

7）主频最高可达 130MIPS，高速的运算处理能力能胜任绝大多数的复杂应用。

ARM7 系列广泛应用于多媒体和嵌入式设备，包括 Internet 设备、网络和调制解调器设备及移动电话和 PDA 等设备。在 ARM7 系列中，ARM7TDMI 是目前使用最广泛的 32 位嵌入式 RISC 处理器，属低端 ARM 处理器核。TDMI 的基本含义：

T——支持 16 位压缩指令集 Thumb；

D——支持片上 Debug；

M——内嵌硬件乘法器（Multiplier）；

I——嵌入式 ICE，支持片上断点和调试点。

2. ARM9 系列

ARM9 系列有 ARM9TDMI 内核及在此基础上发展起来的 ARM9E、ARM920T、ARM940T 等内核。所有的 ARM9 系列处理器都带有 Thumb 压缩指令集和基于 Embedded ICE JATG 的软件调试方式。ARM9 系列兼容 ARM7 系列，而且具有比 ARM7 更加灵活的设计。ARM9 系列微处理器在高性能和低功耗特性方面提供绝佳的性能，具有以下特点。

1）五级整数流水线，指令执行效率更高。

2）提供 1.1MIPS/MHz 的哈佛（Harvard）结构。

3）支持 32 位 ARM 指令集和 16 位 Thumb 指令集。

4）支持 32 位的高速 AMBA 总线接口。

5）全性能的 MMU，支持 Windows CE、Linux、Palm OS 等多种主流嵌入式操作系统。

6）MPU 支持实时操作系统。

7）支持数据 Cache 和指令 Cache，具有更高的指令和数据处理能力。

ARM9 采用 ARMV4T（Harvard）结构，五级流水处理及分离的 Cache 结构，平均功耗为 0.7mW/MHz。其时钟速度为 120 ～ 200MHz，每条指令平均执行 1.5 个时钟周期。与 ARM7 系列相似，其中的 ARM920、ARM940 和 ARM9E 为含 Cache 的 CPU 核。

ARM9 系列主要用于引擎管理、仪器仪表、安全系统、机顶盒、高端打印机、PDA、网络计算机，以及带有 MP3 音频和 MPEG4 视频多媒体格式的智能化电话中。

ARM9E 系列为 ARM9TDMI 的可综合版本，包括 ARM926EJ-S、ARM946E-S 和 ARM966E-S。该系列强化了数字信号处理（DSP）功能，可应用于 DSP 与微机控制器结合使用的情况，将 Thumb 技术和 DSP 都扩展到 ARM 指令集中，并具有 Embedded ICE-RT 逻辑（ARM 的基于 Embedded ICE JTAG 软件调试的增强版本），更好地适应了实时系统的开发需要。同时，其内核在 ARM9 处理器内核的基础上使用了 Jazelle 增强技术，该技术支持一种新的 Java 操作状态，允许在硬件中执行 Java 字节码。

ARM9E 系列微处理器的主要特点如下。

1）支持 DSP 指令集，适合于需要高速数字信号处理的场合。

2）五级整数流水线，指令执行效率更高。

3）支持 32 位 ARM 指令集和 16 位 Thumb 指令集。

4）支持 32 位的高速 AMBA 总线接口。

5）支持 VFP9 浮点处理协处理器。

6）全性能的 MMU，支持 Windows CE、Linux、Palm OS 等多种主流嵌入式操作系统。

7）MPU 支持实时操作系统。

8）支持数据 Cache 和指令 Cache，具有更高的指令和数据处理能力。

9）主频最高可达 300MIPS。

ARM9E 系列广泛应用于硬盘驱动器和 DVD 播放器等海量存储设备、语音编码器、免提链接、反锁制动等自动控制解决方案，以及调制解调器和语音识别及合成等设备中。

3. ARM10 系列

ARM10TDMI 是 ARM 微处理器内核中的高端处理器内核。ARM10E 是基于 ARM10TDMI 设计的处理器内核，包含 ARM1020E、ARM1022E 和 ARM1026EJ-S 三种类型。ARM10TDMI 采用提高时钟频率、六级流水线、转移预测逻辑、64 位存储器和无阻塞的存 / 取逻辑等措施，极大地提高了 ARM10TDMI 的性能。

ARM10E 系列微处理器具有高性能、低功耗的特点，由于采用了新的体系结构，与 ARM9 相比，在同样的时钟频率下，性能提高了近 50%。ARM10E 系列微处理器的主要特点如下。

1）支持 DSP 指令集，适合需要高速数字信号处理的场合。

2）六级整数流水线，指令执行效率更高。

3）支持 32 位 ARM 指令集和 16 位 Thumb 指令集。

4）支持 32 位的高速 AMBA 总线接口。

5）支持 VFP10 浮点处理协处理器。

6）全性能的 MMU，支持 Windows CE、Linux、Palm OS 等多种主流嵌入式操作系统。

7）支持数据 Cache 和指令 Cache，具有更高的指令和数据处理能力。

8）主频最高可达 400MIPS。

9）内嵌并行读 / 写操作部件。

ARM10E 系列微处理器主要应用于下一代无线设备、数字消费品、成像设备、工业控制、通信和信息系统等领域。

4. ARM11 系列

ARM11 系列微处理器是 ARM 新指令架构——ARMv6 的第一代设计实现。该系列主要有 ARM1136J、ARM1156T2 和 ARM1176JZ 三个内核型号，分别针对不同应用领域。ARM1156T2-S 和 ARM1156T2F-S 内核在 0.13μ 工艺下新的操作频率高达 550MHz，拥有高效的 Thumb-2 指令集和 AMBA 3.0 AXI 系统总线，ARM1156T2-S 和 ARM1156T2F-S 内核为合作伙伴们提供了所需的知识产权（IP），满足各种新兴的嵌入式控制应用产品的高性能需求。

ARM11 系列微处理器的主要特点如下。

1）支持 DSP 指令集，适合需要高速数字信号处理的场合。

2）支持 32 位 ARM 指令集、16 位 Thumb 指令集和新增的高性能紧凑型 Thumb-2 指令集。

3）支持 Windows CE、Linux、Palm OS 等多种主流嵌入式操作系统。

4）增强的 Cache 结构，具有更高的指令和数据处理能力。

5）高性能，内核时钟频率可达 350MHz ～ 1GHz。

ARM11 的媒体处理能力和低功耗的特点，特别适用于无线和消费类电子产品；其高数据吞吐量和高性能的结合非常适合网络处理应用；另外，在实时性能和浮点处理等方面，ARM11 可以满足汽车电子应用的需求。

5. Cortex 系列

ARM 公司在经典处理器 ARM11 以后的产品改用 Cortex 命名，并分成 A、R 和 M 三类，旨在为各种不同的市场提供服务。由于应用领域不同，基于 v7 架构的 Cortex 处理器系列所采用的技术也不相同。基于 v7A 的称为 Cortex-A 系列，基于 v7R 的称为 Cortex-R 系列，基于 v7M 的称为 Cortex-M 系列。其中，“A”系列面向尖端的基于虚拟内存的操作系统和用户应用，“R”系列针对实时系统，“M”系列针对微控制器。

Cortex-A 系列处理器具有如下特点。

1）是移动互联网的理想选择，其为 Adobe Flash10.1 以上版本提供了原生支持；提供了高性能 NEON 引擎，广泛支持媒体解码器；采用了低功耗设计，支持全天浏览和连接。

2）具有高性能，可以为其目标应用领域提供各种可伸缩的能效性能点。

3）都支持 ARM 的第二代多核技术，支持面向性能的应用领域的单核到四核的实现，支持对称和非对称的操作系统实现，并且可以通过加速器一致性端口（ACP）在系统的整个处理器中保持一致性。Cortex-A5 和 Cortex-A15 将多核一致性扩展至 AMBA ACE 的 1 ～ 4 核群集以上，支持 big LITTLE（ARM big.LITTLETM 处理是一项节能技术，它将最高性能的 ARM 处理器与最高效的 ARM 处理器结合到一个处理器子系统中，与当今业内最优秀的系统相比，不仅性能更高，能耗也更低）处理。

4）除了具有与上一代经典 ARM 和 Thumb 架构的二进制兼容性之外，Cortex-A 处理器还可以通过 Thumb-2、TrustZone 安全扩展、Jazelle 技术扩展来提供更多的功能。

Cortex-A 处理器包括 Cortex-A5、Cortex-A7、Cortex-A8、Cortex-A9、Cortex-A12、Cortex-A15 和 Cortex-A50 共 7 个子系列，用于具有高计算要求、运行丰富操作系统及需要交互媒体和图形体验的应用领域，如智能手机、平板计算机、汽车娱乐系统、数字电视等。其中，Cortex-A50 系列的 Cortex-A53 处理器是目前效率最高的 ARM 应用处理器，其使用体验相当于当前的超级手机，但功耗仅需其 1/4；结合可靠性的特点，可扩展数据平面（dataplane）应用，可将每毫瓦及每平方毫米性能发挥到极致；针对个别线程计算应用程序进行了传输处理优化；Cortex-A53 处理器结合 Cortex-A57 及 ARM 的 big.LITTLE 处理技术，能使平台拥有最大的性能范围，同时大幅减少功耗。本书所介绍的全志公司的 H6 芯片用到的就是该系列处理器。

Cortex-R 系列处理器具有如下特点。

1）高性能：可以快速地执行复杂代码和 DSP 功能。其使用了高性能、高时钟频率、深度流水化的微架构，使用了双核多处理（AMP/SMP）配置，使用了可以用于超高性能 DSP 和媒体功能的硬件 SIMD 指令。

2）实时性：可以保证响应速度和高吞吐量的确定性操作。其有快速、有界且确定性的中断响应，有用于获得快速响应代码 / 数据的处理器本地的紧密耦合内存（TCM），有可加快终端进入速度的低延迟中断模式（LLIM）。

3）安全性：可以检测错误并保证可靠的系统运行。其具有内存保护单元（MPU）的用户和授权软件操作模式，有 1 级内存系统及总线的 ECC 和奇偶校验错误检测 / 更正，有双核锁步（DCLS）冗余内核配置。

4）经济实惠：Cortex-R 系列处理器包括 Cortex-R4、Cortex-R5、Cortex-R7 共 3 个子系列，其对低功耗、良好的中断行为、卓越性能及与现有平台的高兼容性这些需求进行了平衡考虑，具有高性能、实时、安全和经济实惠的特点，面向如汽车制动系统、动力传动解决方案、大容量存储控制器等深层嵌入式实时应用。

Cortex-M 系列处理器具有如下特点。

1）Cortex-M 系列处理器为 8 位和 16 位体系结构提供了极佳的代码密度，在具有对内存大小要求苛刻的应用中具有很大的优势。

2）Cortex-M 系列处理器完全可以通过 C 语言编程，并且附带了各种高级调试功能，能帮助定位软件中的问题，同时网上具有大量的应用实例可供参考。

3）Cortex-M 系列处理器具有较大的能效优势，对于如 USB、蓝牙、WiFi 等连接和如加速计和触摸屏等复杂模拟传感器，以及成本日益降低的产品需求有极大的优势。

4）Cortex-M 系列处理器采用了 8 位和 16 位的数据传输，从而可以高效地利用数据内存，同时开发者可以使用其在面向 8/16 位系统的应用代码中的相同的数据类型。

5）Cortex-M 系列处理器虽然使用的是 32 位的指令，但是使用了可提供极佳代码密度的 ARM Thumb-2 技术，也可以支持 16 位的 Thumb 指令，其对应的 C 编译器也会使用 16 位版本的指令，可以更加有效地执行运算。

Cortex-M 系列处理器包括 Cortex-M0、Cortex-M0+、Cortex-M1、Cortex-M3、Cortex-M4 共 5 个子系列。该系列主要针对成本和功耗敏感的应用，如智能测量、人机接口设备、汽车和工业控制系统、家用电器、消费性产品和医疗器械等。

ARM（Advanced RISC Machines）是一家专门从事基于 RISC（Reduced Instruction Set Computer，精简指令集）技术芯片设计开发的公司，成立于 1990 年 11 月，前身为英国剑桥的 Acorn 计算机有限公司。ARM 公司是设计公司，是知识产权（IP）供应商，本身不生产芯片，靠转让设计许可由合作伙伴来生产各具特色的芯片。世界各大半导体生产商从 ARM 公司购买其设计的 ARM 微处理器核，根据各自不同的应用领域，加入适当的外围电路，从而形成自己的 ARM 微处理器芯片投入市场。ARM 公司的商业模式的强大之处在于，它在世界范围有超过 100 个合作伙伴，从而激发了大量的开发工具和丰富的第三方资源。20 世纪 90 年代以来，ARM32 位嵌入式 RISC 处理器的应用扩展到世界范围，占据了低功耗、低成本和高性能的嵌入式系统应用领域的领先地位，形成了 32 位 RISC 微处理器的实际标准。因此，ARM 既可以被认作一个公司的名字，也可以被认作对一类微处理器的统称，还可以被认作一种技术的名字。

ARM 芯片作为 32 位 RISC 微处理器具有 RISC 体系的一般特点。

1）具有大量的寄存器，大多数数据操作都在寄存器中完成。

2）寻址方式灵活简单，执行效率高。

3）通过载入和存储指令访问存储器。

4）采用固定长度的指令格式。

除此以外，ARM 芯片还采用了一些别的技术，在保证高性能的同时尽量减小芯片体积，降低芯片功耗。这些技术包括：

1）所有的指令都可以条件执行，以提高指令执行的效率。

2）同一条数据处理指令中包含算术逻辑单元处理和移位处理。

3）使用地址自动增加（减少）来优化程序中的循环处理。

4）载入和存储指令可以批量传输数据，从而提高数据传输效率。

ARM 处理器具有体积小、功耗少、成本低、性能高的优点，具有 16 位 /32 位双指令集及全球众多的合作伙伴的保证供应，因而在嵌入式系统领域得到了广泛应用。

2.1.2　ARM 体系结构的版本

ARM 指令集体系结构从最初开发至今已有了重大改进，而且还会不断完善和发展。为了精确表达每个 ARM 架构版本实现中所使用的指令集，到目前为止 ARM 体系结构共定义了 8 个版本，以版本号 v1 ～ v8 表示，其中 v1 和 v2 都没有太大的实际使用价值，从 v3 开始才逐步开始正式商用。

1. 8 个基本版本

（1）版本 1（v1）

该版本的特性如下。

1）基本数据处理指令（不包括乘法）。

2）字节、字以及半字加载 / 存储指令。

3）分支（Branch）指令，包括用于子程序调用的分支与链接（branch-and-link）指令。

4）软件中断指令，用于进行操作系统的调用。

5）6 位地址总线。

（2）版本 2（v2）

与版本 1 相比，版本 2 增加了下列特性。

1）乘法和乘加指令（Multiply & Multiply-Accumulate）。

2）支持协处理器。

3）原子性（Atomic）加载 / 存储指令 SWP 和 SWPB（稍后的版本称 v2a）。

4）FIQ 中的两个以上的分组寄存器。

（3）版本 3（v3）

版本 3 较以前的版本发生了大的变化，具体改进如下。

1）推出 32 位寻址能力。

2）分开的 CPSR（Current Program Status Register，当前程序状态寄存器）和 SPSR（Saved Program Status Register，备份的程序状态寄存器），当异常发生时，SPSR 用于保存 CPSR 的当前值，从异常退出时则可由 SPSR 来恢复 CPSR。

3）增加了两种异常模式，这样操作系统代码可方便地使用数据访问中止异常、指令预取中止异常和未定义指令异常。

4）增加了 MRS 指令和 MSR 指令，用于完成对 CPSR 和 SPSR 寄存器的读 / 写；修改了原来的从异常中返回的指令。

（4）版本 4（v4）

版本 4 在版本 3 的基础上增加了如下内容。

1）有符号、无符号的半字和有符号字节的 load 和 store 指令。

2）增加了 T 变种，处理器可工作于 Thumb 状态，在该状态下，指令集是 16 位压缩指令集（Thumb 指令集）。

3）增加了处理器的特权模式。在该模式下，使用的是用户模式下的寄存器。

另外，在版本 4 中还清楚地指明了哪些指令会引起未定义指令异常。版本 4 不再强制要求与以前的 26 位地址空间兼容。

（5）版本 5（v5）

与版本 4 相比，版本 5 增加或修改了下列指令。

1）提高了 T 变种中 ARM/Thumb 指令混合使用的效率。

2）增加了前导零计数（CLZ）指令。

3）增加了 BKPT（软件断点）指令。

4）为支持协处理器设计提供了更多的可选择的指令。

5）更加严格地定义了乘法指令对条件标志位的影响。

（6）版本 6（v6）

版本 6 是 2001 年发布的。该版本在降低耗电的同时，还强化了图形处理性能。通过追加有效多媒体处理的 SIMD（Single Instruction Multiple Datastream，单指令流多数据流）功能，将语音及图像的处理功能提高到了原机型的 4 倍。除此之外，v6 还支持多微处理器内核。ARMv6 最先在 2002 年春季发布的 ARM11 处理器中使用。

（7）版本 7（v7）

ARMv7 架构是在 ARMv6 架构的基础上诞生的。该架构采用了 Thumb-2 技术。Thumb-2 技术是在 ARM 的 Thumb 代码压缩技术的基础上发展起来的，并且保持了对现存 ARM 解决方案的完整的代码兼容性。Thumb-2 技术比纯 32 位代码少使用 31% 的内存，减小了系统开销，同时能够提供比已有的基于 Thumb 技术的解决方案高出 38% 的性能。ARMv7 架构还采用了 NEON 技术，将 DSP 和媒体处理能力提高了近 4 倍，并支持改良的浮点运算，满足下一代 3D 图形、游戏物理应用及传统嵌入式控制应用的需求。此外，ARMv7 还支持改良的运行环境，以迎合不断增加的 JIT（Just in Time）和 DAC（Dynamic Adaptive Compilation）技术的需求。另外，ARMv7 架构对于早期的 ARM 处理器软件也提供了很好的兼容性。

（8）版本 8（v8）

ARMv8 是在 32 位 ARM 架构上进行开发的，这是 ARM 公司的首款支持 64 位指令集的处理器架构。ARMv8 架构包含两个执行状态：AArch64 和 AArch32。

AArch32 的特点如下。

- ARMv7 的升级版；
- A32（ARM）和 T32（Thumb），两种指令集；
- ARMv8 架构中，增加了一些指令；
- 传统 ARM 的特权模式；
- 通用寄存器位宽是 32 位；

- 使用单一 CPSR 保存 PE 状态；
- 使用 32 位的虚拟地址；
- 支持协处理器。

AArch64 的特点如下。

- 通用寄存器位宽是 64 位；
- 提供 64 位 PC、SP 和 ELR（Exception-Link-Register）；
- 新的指令集-A64，固定 32 位的指令集；
- 新的特权模式；
- 使用一组 PSTATE 保存 PE 状态；
- 不支持协处理器；
- 使用 64 位虚拟地址。

表 2-1 列出了 ARM 处理器核使用 ARM 体系结构版本的情况。

表 2-1　ARM 处理器核使用 ARM 体系结构版本的情况

ARM 处理器核	体系结构版本
ARM1	v1
ARM2	v2
ARM2aS、ARM3	v2a
ARM6、ARM600、ARM610	v3
ARM7、ARM700、ARM710	v3
ARM7TDMI、ARM710T、ARM720T、ARM740T	v4T
Strong ARM、ARM8、ARM810	v4
ARM9TDMI、ARM920T、ARM940T	v4T
ARM9E-S	v5TE
ARM10TDMI、ARM1020E	v5TE
ARM11、ARM1156T2-S、ARM1156T2F-S、ARM1176JZF-S、ARM11JZF-S	v6
ARM Cortex-A、ARM Cortex-M、ARM Cortex-R	v7
Cortex-A50	v8

2. ARM 体系结构的变种

通常将某些特定功能称为 ARM 体系的某种变种，例如支持 Thumb 指令集称为 T 变种。到目前，ARM 定义了下面一些变种。

（1）T 变种

T 变种是支持 Thumb 指令集的 ARM 体系。Thumb 指令集是将 32 位 ARM 指令集的一个子集重新编码而形成的一个指令集。Thumb 指令的长度是 16 位。Thumb 指令集可以得到比 ARM 指令集密度更高的代码，这对需要严格控制产品成本的设计是非常有意义的。目前 Thumb 指令集有两个版本，即 Thumb-1 和 Thumb-2，Thumb-1 是 ARMv4 的 T 变种，Thumb-2 是 ARMv5 的 T 变种。

（2）M 变种（长乘法指令）

长乘法指令是一种生成 64 位相乘结果的乘法指令。M 变种增加了两条用于进行长乘法操作的 ARM 指令：一条用于完成 32 位整数乘以 32 位整数生成 64 位整数的长乘法操作（$32 \times 32 \Rightarrow 64$）；另一条用于完成 32 位整数乘以 32 位整数，再加上 64 位整数生成 64 位整数的长乘加操作（$32 \times 32+64 \Rightarrow 64$）。M 变种首先在 ARMv3 中引入，在 ARMv4 及以后的版本中，M 变种是系统的标准部分。对于支持长乘法指令的 ARM 体系版本，使用字符 M 来表示。

（3）E 变种（增强 DSP 指令）

E 变种增加一些附加指令用于增强处理器对一些典型的 DSP 算法的处理性能，主要包括：

1）几条新的实现 16 位数据乘法和乘加操作的指令。

2）实现饱和的带符号数的加减法操作的指令。所谓饱和的带符号数的加减法操作是指在加减法操作溢出时，结果并不进行卷绕，而是使用最大的整数或最小的负数来表示。

3）进行双字数据操作的指令，包括双字读取指令 LDRD、双字写入指令 STRD 和协处理器的寄存器传输指令 MCRR/MRRC。

4）Cache 预取指令 PLD。

E 变种首先在 ARMv5T 中使用，用字符 E 表示。在 ARMv5 以前的版本中，以及在非 M 变种和非 T 变种的版本中，E 变种是无效的。

（4）J 变种（Java 加速器 Jazelle）

ARM 采用的 Jazelle 技术是 Java 语言和先进的 32 位 RISC 芯片完美结合的产物。Jazelle 技术使得 Java 代码的运行速度比普通的 Java 虚拟机提高了 8 倍，这是因为 Jazelle 技术提供了 Java 加速功能，大幅度地提高了机器的运行性能，而功耗反而降低了 80%。Jazelle 技术使得在一个单独的处理器上同时运行 Java 应用程序、已经建立好的操作系统和中间件及其他应用程序成为可能。Jazelle 技术的诞生使得一些必须用到协处理器和双处理器的场合可用单处理器代替，这样，既保证了机器的性能，又降低了功耗和成本。ARMv4TEJ 最早包含了 J 变种，用字符 J 表示 J 变种。

（5）SIMD 变种（ARM 媒体功能扩展）

ARM 媒体功能扩展 SIMD 技术极大地提高了嵌入式应用系统的音频和视频处理器能力，它可使微处理器的音频和视频性能提高 4 倍。新一代的 Internet 应用产品、移动电话和 PDA 等设备终端需要支持高性能的流式媒体，包括音频和视频等，而且这些设备需要有更加人性化的界面，包括语言输入和手写输入等。这样，就对处理器的数字信号处理能力提出了很高的要求，同时还必须保证低功耗。ARM 的 SIMD 技术为这些应用系统提供了解决方案，它为包括音频和视频处理在内的应用系统提供了优化功能。其主要特点如下。

1）使处理器的音频和视频处理性能提高了 2 ～ 4 倍。

2）可同时进行 2 个 16 位操作数或者 4 个 8 位操作数的运算。

3）用户可自定义饱和运算的模式。

4）可进行 2 个 16 位操作数的乘加 / 乘减运算及 32 位乘以 32 位的小数乘加运算。

5）同时 8 /16 位选择操作。

3. ARM 体系结构版本的命名格式

ARM/Thumb 体系结构版本的命名格式由下面几部分组成。

1）基本字符串 ARMv。

2）基本字符串后为 ARM 指令集版本号。

3）ARM 指令集版本号后为表示所含变种的字符。由于在 ARMv4 以后，M 变种成为系统的标准部件，所以字符 M 通常不单独列出来。

4）最后使用的字符 x 表示排除某种功能。例如，在早期的一些 E 变种中，未包含双字读取指令 LDRD、双字写入指令 STRD、协处理器的寄存器传输指令 MCRR/MRRC 及 Cache 预取指令 PLD。这种 E 变种记作 ExP，其中 x 表示缺少，P 代表上述的几种指令。例如，ARMv5TExP 表示 ARM 体系结构的版本 5，含 T 变种、M 变种，未包含 P 代表的几种指令。

ARM/Thumb 体系结构版本名称及其含义是在不断发展变化的，最新变化请查阅相关 ARM 资料。

2.2　Cortex-A 处理器

本节详细介绍 ARM 各个系列的处理器。首先说明一下处理器内核、处理器核、芯片这三个概念之间的区别与联系。ARM 公司是一个知识产权 IP 公司，本身是不做芯片的，它为 ARM 架构处理器芯片提供 ARM 处理器内核（如 ARM7TDMI、ARM9TDMI 及 ARM10TDMI 等）和 ARM 处理器核（在最基本的 ARM 处理器内核的基础上，可增加 Cache、MMU、协处理器 CP15、AMBA 接口及 EMT 宏单元等，这样就构成了 ARM 处理器核，如 ARM710T/720T/740T、ARM920T/922T/940T、ARM926E/966E 及 ARM1020E 等都是 ARM 处理器核）。经常见到的 ARM 处理器，实际是半导体公司基于 ARM 处理器核或以处理器内核为核心，再开发的针对某一应用领域的芯片。例如全志公司的 H6 芯片是以 Cortex-A53 处理器内核为核心设计的。

2.2.1　Cortex-A50 系列处理器

本小节主要讨论 Cortex-A50 系列处理器的组织结构和功能。

Cortex-A50 系列处理器 / 芯片可分为：①高端产品 Cortex-A57，Cortex-A57 是产品线中性能高的处理器，其 32 位模式可实现高性能智能手机 3 倍的性能，其电力效率也很高，装有能以原来 10 倍的速度进行加密处理的新指令等。②低端产品 Cortex-A53，Cortex-A53 以高电力效率为卖点，性能与现有产品 Cortex-A9 相同，特点是裸片尺寸比 A9 缩小了 40%。ARM 将 Cortex-A53 和 Cortex-A57 定位为用途可涵盖从平板计算机、智能手机到服务器等广泛领域的产品。

1. Cortex-A53 处理器配置

Cortex-A53 处理器是一款实现 ARMv8-A 架构的中端低功耗处理器。Cortex-A53 处理器有 1 ～ 4 个内核，每个内核都有 1 个 L1 内存系统和 1 个共享的 L2 缓存。

图 2-1 所示为具有 4 个内核和 1 个 ACE 或 CHI 接口的 Cortex-A53 MPCore 配置示例。

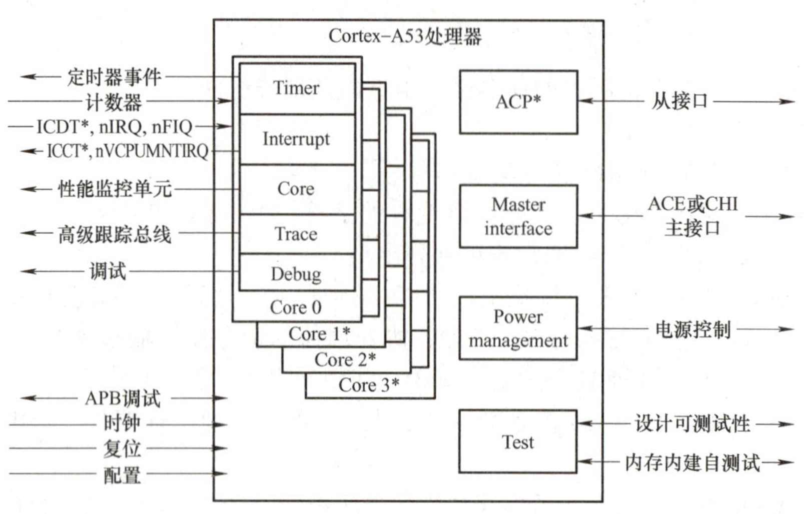

图 2-1 Cortex-A53 MPCore 配置示例

2. Cortex-A53 功能概述

（1）指令提取单元

指令提取单元（IFU）负责从指令高速缓存或外部存储器中提取指令，并对分支结果进行预测，然后将指令传递给数据处理单元进行处理。

指令高速缓存是用来存储指令的地方，它可以存储 A32、T32 和 A64 类型的指令，但同一高速缓存行中不能同时存储不同类型的指令。指令高速缓存具有顺序指令获取、指令预取和缓存未命中的关键字首行填充等功能。

为了加速从过程调用中返回，IFU 还包括一个返回堆栈，其中保存着返回地址。当识别到过程返回时，IFU 将弹出返回堆栈中保存的地址，并将其用作预测的返回地址。

IFU 还包括一个分支目标指令缓存（BTIC）和一个分支目标地址缓存（BTAC），用于预测分支指令的目标地址。分支预测器使用分支历史记录寄存器和预测表来预测分支结果。

总的来说，IFU 是用来从指令高速缓存或外部存储器中提取指令，并预测分支结果的一个单元。它还包括一些辅助功能，如指令高速缓存、返回堆栈、分支目标指令存、分支目标地址缓存和分支预测等。

（2）数据处理单元

数据处理单元（DPU）保存处理器的大部分程序可见状态，例如通用寄存器和系统寄存器。它提供内存系统及其相关功能的配置和控制。它解码并执行指令，根据 ARMv8-A 架构对寄存器中保存的数据进行操作。指令从 IFU 传送到 DPU，DPU 与管理所有加载和存储操作的数据缓存单元（DCU）接口来执行需要将数据传输到内存系统或从内存系统传输数据的指令。

（3）高级 SIMD 和浮点扩展

可选的高级 SIMD 和浮点扩展可实现 ARM NEON 技术。ARM NEON 技术是一种媒体和信号处理架构，可添加针对音频、视频、3D 图形图像和语音处理的指令。高级 SIMD 指令提供 AArch64 和 AArch32 两种状态。

浮点体系结构包括浮点寄存器文件和状态寄存器。它对浮点寄存器文件中保存的数据执行浮点运算。

（4）加密扩展

Cortex-A53 MPCore 可以选择加入加密扩展支持 ARMv8 加密扩展。加密扩展将添加新的 A64、A32 和 T32 指令到高级 SIMD，以加速 AES 加密和解密，以及 SHA 函数 SHA-1/SHA-224/SHA-256、伽罗瓦 / 计数器模式和椭圆曲线密码学等算法中使用的有限域算法。简单来说，这个扩展可以提高计算机处理加密算法的速度。

（5）转换后备缓冲区

转换后备缓冲区（TLB）是一种用于管理虚拟地址转换的硬件。它包含一个主 TLB，可以处理所有处理器的地址转换表遍历操作。TLB 中存储着地址映射信息，以及对应的物理地址，这样就可以将程序中的虚拟地址转换为真正的物理地址。TLB 具有 512 个条目，使用 4 路设置关联 RAM 来存储 TLB 条目。如果实现了缓存保护配置，TLB RAM 数据和标记也会受到奇偶校验位的保护，以检测任何单元错误。如果检测到错误，将会刷新该条目并重新提取。

（6）数据侧存储器系统

1）数据缓存单元（DCU）是处理器的重要组成部分，包含多个子模块。首先，第一级（L1）数据缓存控制器负责管理 L1 数据缓存的读写操作。其次，加载 / 存储管道与 DPU 和 TLB 接口连接，用于处理数据的加载和存储操作。系统控制器通过与 IFU 的接口，直接对数据缓存和指令缓存执行缓存和 TLB 维护操作，确保缓存的一致性和有效性。此外，一致性请求接口用于接收来自侦听控制单元（SCU）的请求，以确保多个处理器核心之间的数据一致性。

DCU 的功能包括伪随机缓存替换策略、缓存未命中的关键字首行填充，以及处理多个字加载指令（例如 LDM、LDRD、LDP 和 VLDM）而导致的顺序数据流。

如果实现了 CPU 缓存保护配置，L1 数据缓存标记 RAM 和脏 RAM 受奇偶校验位保护，而 L1 数据缓存数据 RAM 使用纠错码（ECC）进行保护。此外，DCU 还包括一个组合的本地和全局独占监视器，由负载独占 / 存储独占指令使用。

2）存储缓冲区（STB）是一种用于存储操作的临时存储器，在存储操作被提交到数据缓存单元（DCU）之前，将其保留在 STB 中。机顶盒可以通过请求访问 DCU 中的缓存 RAM 来将数据加载到 STB 中，也可以请求 BIU 启动线路填充，或者通过 SCU 将数据写入外部写入通道上。STB 可以合并多个存储操作，将它们合并成一个单一的事务，这可以提高性能并降低存储操作的延迟。STB 还能对维护操作进行排队，然后将其广播到内核群集中的其他内核。

3）总线接口单元（BIU）包含 SCU 接口和缓冲区，用于将接口与缓存和 STB 解耦。BIU 接口和 SCU 始终以处理器频率运行。

（7）缓存保护

Cortex-A53 处理器使用两个单独的实现选项在处理器中的所有 RAM 实例上支持以 ECC 或奇偶校验的形式提供缓存保护：SCU-L2 缓存保护和中央处理器缓存保护。

这些选项使 Cortex-A53 处理器能够检测和纠正任何 RAM 中的一位错误，并检测某些 RAM 中的两位错误。

2.2.2　H6 芯片

1. AMBA 总线

AMBA（Advanced Microcontroller Bus Architecture）总线是 ARM 公司推出的微控制器 / 宏单元之间通信的片上系统总线体系结构。AMBA 总线规范定义了三种总线标准。

1）AHB（Advanced High-performance Bus）：用于连接高性能高时钟频率的系统模块。支持突发数据传输方式和单个数据传输方式，时序都采用同一触发沿形式。

2）ASB（Advanced System Bus）：用于连接高性能系统模块，可以支持突发数据传输模式。

3）APB（Advanced Peripheral Bus）：为低性能的外围部件提供较简单的接口，可以用于和其他总线的连接。

由图 2-2 可以看出，AHB 和 ASB 用于高速模块之间的通信，一般和系统处理模块联系比较紧密的模块是通过 AHB/ASB 模块通信的。而 APB 模块主要用于扩展接口部分模块之间的通信。其中，总线桥主要起到将 AHB/ASB 总线上的地址、数据、控制信号解码传给 APB 总线上相应部件的作用，实际上相当于这些信号的驱动装置。

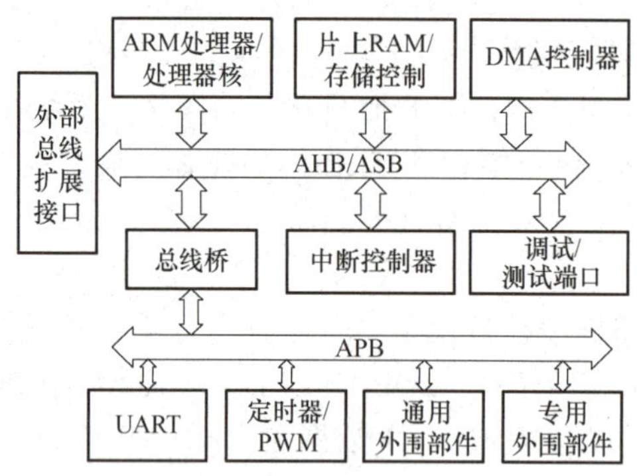

图 2-2　AMBA 总线构成的片上系统

在实际片上系统 SoC 芯片中，每个部件放在哪类总线上不是完全固定的，如有些芯片是将中断控制器放在 AHB/ASB 总线上的，而有些芯片则是将中断控制器放在 APB 总线上的。

同时还应注意的是，应用 AMBA 总线体系还可以构成多 ARM 处理器 / 处理器核的情况，即总线上同时可以有多个这样的处理器 / 处理器核，通过总线仲裁部件或它们之间的握手信号保证在同一时间内置于一个处于主控位置即可。

有关总线的具体使用方法，一般如果不做片上系统 SoC 设计就不用对其了解的太具体。只是有些总线信号是理解处理器工作原理时所必需的，可参阅相关书籍或 ARM 公司网站上的 SoC 相关文档。

2. H6

H6 是全志公司基于 ARM Cortex-A53 开发的一款极具成本效益的芯片。H6 芯片结构如图 2-3 所示。

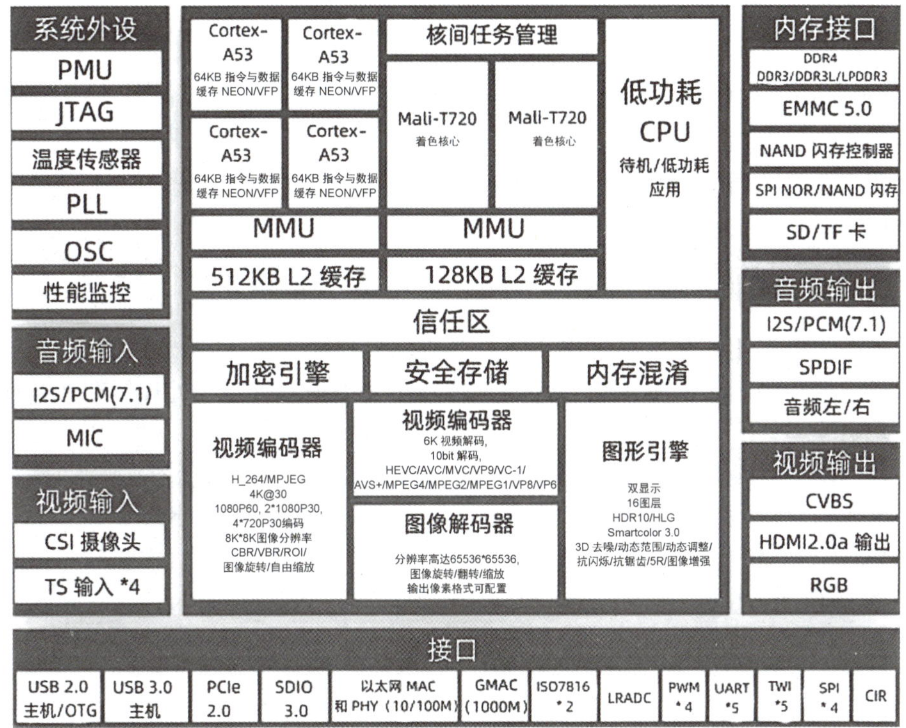

图 2-3　H6 芯片结构

3. H6 芯片系统外设

H6 芯片在以 Cortex-A53 为处理器的基础上进行了充分的外围扩展，其系统外设有以下一些。

（1）定时器 / 计数器

定时器 / 计数器模块实现定时和计数功能，包括 Timer0 和 Timer1、看门狗、AVS 和 64 位计数器。

1）用于系统调度器计数的 Timer0 和 Timer1。

- 可配置的 8 个预分频器。
- 可编程的 32 位定时器。
- 支持两种工作模式——继续模式和单计数模式。
- 当计数降低到 0 时产生中断。

2）一个看门狗用于在系统中发生异常后转换复位信号以复位整个系统。

- 支持 12 个初始值配置。
- 支持产生超时中断。
- 支持产生复位信号。
- 支持看门狗重新启动用于在播放器中同步视频和音频的定时。

3）两个 AVS 计数器（AVS0 和 AVS1）。

- 可编程 33 位计时器。

- 初始值可以随时更新。
- 12 位分频器因子。
- 支持暂停 / 启动功能。

4）一个 64 位计数器用于计算 GPU 的定时。

- 支持清零功能。
- 在获当前计数器值之前执行一次锁存操作。

（2）GIC（通用中断控制器）

- 支持 16 个软件生成中断（SGIs）、16 个专用外设中断（PPIs）和 147 个共享外设中断（SPIs）。
- 从硬件中断启用、禁用和生成处理器中断。
- 软件生成的中断（SGIs）进行中断屏蔽和优先级设置，在单处理器和多处理器环境中均可生效。
- 支持 ARM 架构安全扩展和虚拟化扩展。
- 在电源管理环境中，可处理唤醒事件。

（3）CCU（时钟控制单元）

- 11 个锁相环（PLL）。
- 支持一个外部 32.768kHz 晶体振荡器、一个外部 24MHz DCXO 和一个内部 RC16MHz 振荡器。
- 支持相应模块的时钟配置和产生的时钟。
- 支持相应模块的软件控制时钟门控和软件控制复位。

（4）IOMMU（输入 / 输出内存管理单元）

- 通过硬件实现支持虚拟地址到物理地址的映射。
- 支持 DE0/2、VE_R、VE、CSI、VP9 并行地址映射。
- 支持 DE0/2、VE_R、VE、CSI、VP9 旁路功能独立。
- 支持 DE0/2、VE_R、VE、CSI、VP9 预取独立。
- 支持 DE0/2、VE_R、VE、CSI、VP9 中断处理机制独立。
- 支持 level1 和 level2 TLB 用于特殊使用，level2 TLB 用于共享。
- 支持 TLB 完全清除，部分禁用。
- 支持 TLB 未命中时触发 PTW 行为。
- 支持检查权限。
- 性能：平均（L1 + L2）TLB 命中率高达 99.9%，平均潜伏期为 5 ± 1 周期。

（5）PWM

- 支持两种输出波形：连续波形和脉冲波形。
- 0% ～ 100% 可调占空比。
- 高达 24MHz 输出频率。
- 最小分辨率为 1/65536。

（6）热传感器

- 温度精度：0 ～ 100℃ ±3℃，-20 ～ 125℃ ±5℃。
- 电源电压：1.8V。

- 热传感器读数的平均滤波器。
- 支持过温保护中断和过温报警中断。
- 支持两个传感器：CPU 传感器 0、GPU 传感器 1。

（7）消息框

- 为片上处理器提供中断通信机制。
- 消息框的两个用户：CPU 的 user0、CPUX 的 user1。
- 每个队列都有 8 个消息队列的 4 × 32 位 FIFO。
- 每个队列都可以配置为发送器或接收器。

（8）自旋锁

- 32 个自旋锁。
- 锁寄存器的两种状态：取和不取。
- 处理器的锁时间是可预测的（少于 200 个周期）。

（9）加密引擎（CE）

1）支持对称算法：AES、DES、TDES、XTS。

- 支持 ECB、CBC、CTS、CTR、CFB、OFB，用于 AES 的 CBC-MAC 模式。
- 支持 AES 的 128/192/256 位密钥。
- 支持 ECB、CBC、CTR，用于 DES/TDES 的 CBC-MAC 模式。
- 支持 256/512 位密钥用于 XTS。

2）支持哈希算法：MD5、SHA、HMAC。

- 支持 SHA 的 SHA1、SHA224、SHA384、SHA512。
- 支持 HMAC 的 HMAC-SHA1 和 HMAC-SHA256。
- MD5、SHA、HMAC 使用硬件填充。如果不是最后一个包，则输入应与 512 位对齐。

3）支持非对称算法：RSA、ECC。

- RSA 支持 512/1024/2048/4096 位宽度。
- ECC 支持 160/224/256/384/521 位宽度。

4）支持 160 位硬件 PRNG 与 175 位种子。

- 支持 256 位硬件 TRNG。
- 内部嵌入式 DMA 做数据传输。
- 支持安全和非安全接口。
- 支持每个请求的任务链模式。任务或任务链按请求顺序执行。
- 输入和输出数据都支持散点组（sg）。
- DMA 有多个通道，每个通道对应一套算法。

（10）嵌入式加密引擎（EMCE）

- 直接连接到 SMHC 或 NDFC 光盘加密应用程序。
- 支持 AES 算法。
- 支持 AES 128 位、192 位和 256 位密钥大小。
- 支持 ECB、CBC、XTS 模式。

（11）安全标识（SID）

支持 4K 位 EFUSE 芯片标识和安全应用。

（12）CPU 配置

- 能够进行 CPU 复位，包括核心复位、调试电路复位等。
- 能够进行其他 CPU 相关控制，包括接口控制、CP15 控制、电源控制等。
- 能够检查 CPU 状态，包括空闲状态、SMP 状态、中断状态等。

（13）DMA

- 高达 16 通道 DMA。
- 为每个 DMA 通道生成中断。
- 传输 8/16/32/64 位的数据宽度。
- 支持线性和 I/O 地址模式。
- 支持内存到内存、内存到外设、外设到内存、外设到外设的数据传输类型。
- 支持链表传输。
- DRQ 响应包括等待模式和握手模式。
- DMA 通道支持暂停功能。

2.3 ARM 微处理器编程模型

ARM 体系结构比较复杂，但需要程序员掌握的部分并不复杂。本节将介绍 ARM 微处理器的编程模型，包括：ARM 微处理器支持的数据存储方式，ARM 微处理器的工作状态、工作模式、寄存器组织，以及处理器异常等。通过对编程模型的学习，可掌握 ARM 微处理器的基本工作原理和一些与程序设计相关的基本技术细节，为以后的程序设计打下基础。

2.3.1 数据存储方式与寄存器组织

1. ARM 的存储方式

ARM 微处理器支持字节（8 位）、半字（16 位）、字（32 位）、双字（64 位）4 种数据类型，可以表示有符号数和无符号数。其中，字需要 4 字节对齐（地址的低两位为 0）、半字需要 2 字节对齐（地址的最低位为 0）。ARM 指令恰好是一个字（与 4 字节边界对准），Thumb 指令恰好是半个字（与 2 字节边界对准）。数据在存储器上的存储方式有两种：小端模式（Little Endian）和大端模式（Big Endian）。

ARM 体系结构将存储器看作字节线性存储器，地址序号从 0 向上排列，字节 0 ～ 3 为第一个存储字，4 ～ 7 为第二个，以此类推。每个字数据占 4 个字节单元，每个半字数据占 2 个字节单元。ARM 存储器模型如图 2-4 所示。作为 64 位的微处理器，ARM 体系结构所支持的最大寻址空间为 128 GB（即 2^{64}B），地址范围为 0 ～ $2^{64}-1$。

在 ARMv8 架构中，地址空间被扩展到了 64 位，即 2^{64} 个字节单元。这些字节单元的地址可以被 8 整除，即地址的最低三位为 000（0b000）。同时，ARMv8 架构也支持 AArch32 和 AArch64 两种不同的操作模式。AArch32 模式下的地址空间可以看作 2^{32}

个 32 位的字节单元，这些字节单元的地址可以被 4 整除，即地址的最低两位为 0b00；AArch64 模式下的地址空间可以看作 2^{64} 个 64 位的字节单元，这些字节单元的地址可以被 8 整除，即地址的最低三位为 0b000。同时，在 ARMv8 架构中，还提供了虚拟地址和物理地址的映射机制，以支持操作系统的内存管理。

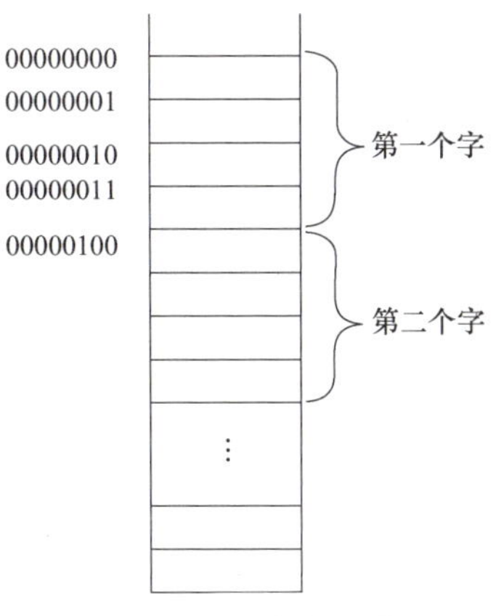

图 2-4　ARM 存储器模型

所谓大端模式是指字数据的高字节存储在低地址中，而字数据的低字节则存储在高地址中。所谓小端模式是指字数据的低字节存储在低地址中，而字数据的高字节存储在高地址中。在 ARM 指令集中不包含任何直接选择大小端的指令，可以通过硬件配置实现同时支持大小端模式。一般使用芯片的引脚来配置，匹配存储器系统所使用的规则。一个基于 ARM 内核的芯片可以只支持大端模式或小端模式，也可以两者都支持。

ARM 默认的存储模式是传统的小端模式。图 2-5 所示的是十六进制数 783C1A24（0x783C1A24）的大端模式和小端模式存储情况。

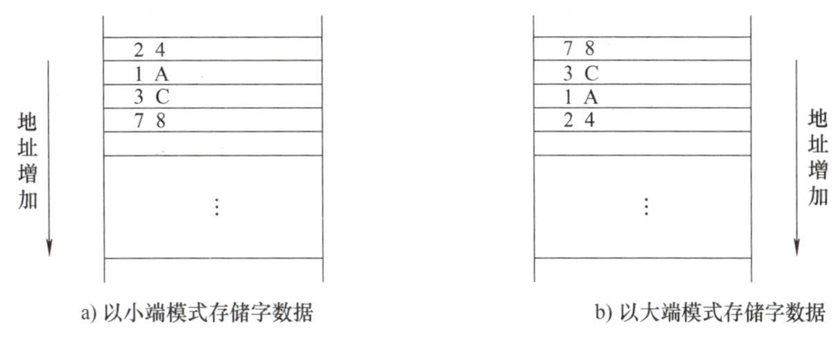

图 2-5　ARM 的数据存储方式（0x783C1A24）

2. ARM 的寄存器组织

在 AArch32 模式的 ARM 的寄存器组织如图 2-6 所示。ARM 有 37 个 32 位寄存器，包括 31 个通用寄存器、1 个当前程序状态寄存器（Current Program Status Register，CPSR）、5 个备份的程序状态寄存器（Saved Program Status Register，SPSR）。这 37 个寄存器并不都是同时可见的。在任意时刻，只有 16 个通用寄存器（R0 ～ R15）和一个或者两个状态寄存器（CPSR 和 SPSR）对处理器来讲是可见的。

System & User	FIQ	Supervisor	Abort	IRQ	Undefined
R0	R0	R0	R0	R0	R0
R1	R1	R1	R1	R1	R1
R2	R2	R2	R2	R2	R2
R3	R3	R3	R3	R3	R3
R4	R4	R4	R4	R4	R4
R5	R5	R5	R5	R5	R5
R6	R6	R6	R6	R6	R6
R7	R7	R7	R7	R7	R7
R8	R8_fiq	R8	R8	R8	R8
R9	R9_fiq	R9	R9	R9	R9
R10	R10_fiq	R10	R10	R10	R10
R11	R11_fiq	R11	R11	R11	R11
R12	R12_fiq	R12	R12	R12	R12
R13	R13_fiq	R13_svc	R13_abt	R13_irq	R13_und
R14	R14_fiq	R14_svc	R14_abt	R14_irq	R14_und
R15(PC)	R15(PC)	R15(PC)	R15(PC)	R15(PC)	R15(PC)

a) 通用寄存器

System & User	FIQ	Supervisor	Abort	IRQ	Undefined
CPSR	CPSR	CPSR	CPSR	CPSR	CPSR
	SPSR_fiq	SPSR_svc	SPSR_abt	SPSR_irq	SPSR_und

b) 程序状态寄存器

◣ 分组寄存器

图 2-6　AArch32 模式的 ARM 的寄存器组织

（1）通用寄存器

31 个通用寄存器用 R0 ～ R15 表示，可以分为以下三类。

1）未分组寄存器（R0 ～ R7）。在所有的运行模式下，未分组寄存器都指向同一个物理寄存器，它们未被系统用作特殊用途，因此，在中断或异常处理进行模式转换时，由于不同的处理器运行模式均使用相同的物理寄存器，可能会造成寄存器中数据的破坏，这一点在进行程序设计时要注意。

2）分组寄存器（R8 ～ R14）。对于分组寄存器，它们每一次所访问的物理寄存器与处理器当前的运行模式有关。

对于 R8 ～ R12 来说，每个寄存器对应两个不同的物理寄存器。当使用 FIQ 模式时，访问寄存器 R8_fiq ～ R12_fiq；当使用除 FIQ 模式以外的其他模式时，均访问寄存器 R8_usr ～ R12_usr。

对于 R13、R14 这两个寄存器来说，每个寄存器各有 6 个不同的物理寄存器，其中的 1 个是用户模式与系统模式共用的，另外 5 个物理寄存器分别用于 5 种异常模式。采用以下的格式来区分不同的物理寄存器。

```
R13_<mode>
R14_<mode>
```

其中，mode 为以下几种模式之一：USR、FIQ、IRQ、SVC、ABT 和 UND。

R13 通常用作堆栈指针（Stack Pointer，SP），但这只是一种习惯用法，用户也可使用其他的寄存器作为堆栈指针。而在 Thumb 指令集中，某些指令强制性要求使用 R13 作为堆栈指针。

在实际使用中，一般会在存储器中分配一些空间作为堆栈，由于处理器的每种运行模式均有自己独立的物理寄存器，在用户应用程序的初始化部分，一般都要初始化每种模式下的 R13，使其指向该运行模式的栈空间。这样，当程序的运行进入异常模式时，可以将需要保护的寄存器放入 R13 所指向的堆栈，而当程序从异常模式返回时，则从对应的堆栈中恢复寄存器的内容。采用这种方式可以保证异常发生后程序的正常执行。

R14 也称作子程序连接寄存器（Subroutine Link Register）或连接寄存器（LR）。当执行分支指令 BL 时，R14 中得到 R15（程序计数器）的备份；在其他情况下，R14 用作通用寄存器。类似地，当发生中断或异常时，或当程序执行 BL 指令时，对应的分组寄存器 R14_svc、R14_irq、R14_fiq、R14_abt 和 R14_und 用来保存 R15（PC）的返回值。

寄存器 R14 常用在如下情况：在每一种运行模式下，都可用 R14 保存子程序的返回地址，当用 BL 或 BLX 指令调用子程序时，将子程序的返回地址（在 PC 中）复制给 R14，执行完子程序后，又将 R14 的值复制回 PC，即可完成子程序的调用返回。典型的做法如下。

首先，执行以下任意一条指令。

```
MOV   PC,LR  ;将 R14 复制到 PC，实现子程序的返回
BX   LR      ;跳到 LR 指的地址处执行程序，实现子程序的返回
```

其次，在子程序入口处使用以下指令将 R14 存入堆栈。

```
STMFD        SP!,{<Regs>,LR}
```

对应地，使用以下指令可以完成子程序的返回。

```
LDMFD        SP!,{<Regs>,PC}
```

图 2-7 所示为这种方法的一个实现。

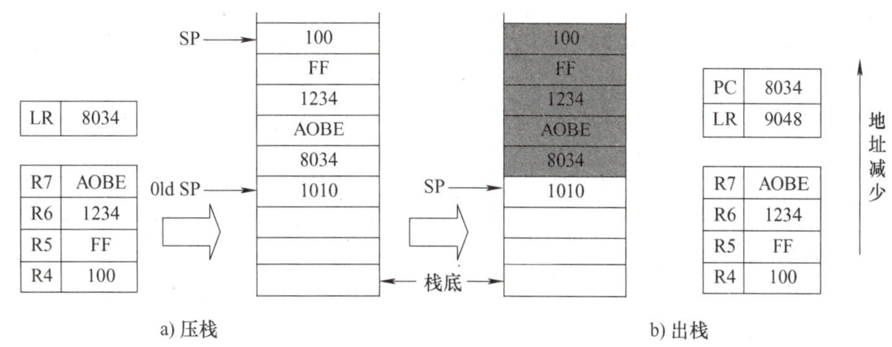

图 2-7　压栈 / 出栈操作

3）程序计数器（R15）。寄存器 R15 用作程序计数器（Program Counter，PC）。ARM 指令都是 32 位宽，所有的指令必须字对齐，所以 PC 的值由位 [31:2] 决定，位 [1:0] 是 0（对于 Thumb 指令，必须半字对齐，位 [0] 为 0，PC 的值由位 [31:1] 决定）。R15 虽然也可用作通用寄存器，但一般不这么使用，因为 R15 的值通常是下一条要取出的指令的地址，因此使用时有一些特殊的限制，当违反了这些限制时，程序的执行结果是未知的。

由于 ARM7 采用了 3 级流水线技术，指令读出的 PC 值是指令地址值加 8 个字节。

（2）程序状态寄存器

ARM 的程序状态寄存器（Program Status Register，PSR）有 1 个当前程序状态寄存器 CPSR 和 5 个备份的程序状态寄存器 SPSR。CPSR 用来标识（或设置）当前运算的结果、中断使能设置、处理器状态、当前运行模式等；而 SPSR 则是当异常发生时，用来保存 CPSR 当前值，以便从异常退出时用 SPSR 来恢复 CPSR。处理器在所有工作模式下都可访问 CPSR，不同模式的 CPSR 是同一个物理寄存器。而每一种异常模式下都有一个 SPSR，它们对应不同的物理寄存器。由于用户模式和系统模式不属于异常模式，它们没有 SPSR，当在这两种模式下访问 SPSR，结果是未知的。CPSR、SPSR 都是 32 位寄存器，它们的格式是相同的，如图 2-8 所示。

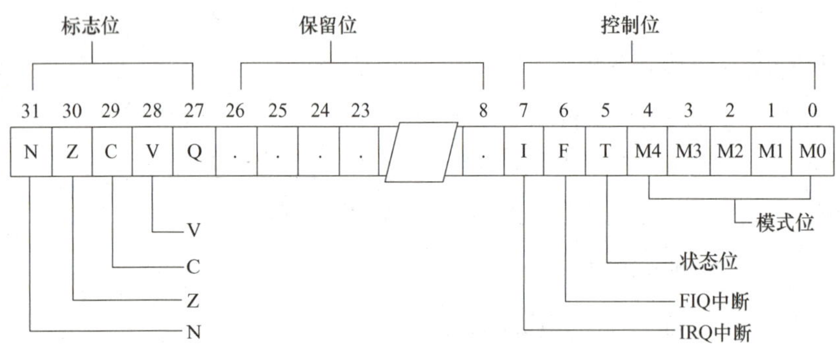

图 2-8　程序状态寄存器

1）条件标志位（N、Z、C、V）。N、Z、C、V（Negative、Zero、Carry、Overflow）位称为条件码标志（Condition Code Flags），经常以标志引用，它们的内容可被算术或逻辑运算的结果改变。ARM 指令可以根据这些条件标志，选择性地执行后续指令（条件执行）。条件码标志的具体含义见表 2-2。

表 2-2　条件码标志的具体含义

标志位	含义
N（负）标志	当用两个补码表示的带符号数进行运算时，N=1 表示运算的结果为负数，N=0 表示运算的结果为正数或零。N 位与运算结果的最高位相同
Z（零）标志	Z=1 表示运算的结果为零，Z=0 表示运算的结果为非零
C（进位）标志	有 4 种方法设置 C 的值：①加法运算（包括比较指令 CMN），当运算结果产生了进位时（无符号数溢出），C=1，否则 C=0；②减法运算（包括比较指令 CMP），当运算时发生了借位（无符号数下溢出）C=0，否则 C=1；③对于包含移位操作的非加 / 减运算指令，C 为移位操作中最后移出位的值；④对于其他的非加 / 减运算指令，C 的值通常不改变
V（溢出）标志	有两种方法设置 V 的值：①对于加 / 减运算指令，当操作数和运算结果为二进制补码表示的带符号数时，V=1 表示符号位溢出；②对于其他的非加 / 减运算指令，V 的值通常不改变，具体可参考各指令的说明

2）Q 标志位。在 ARMv5 及以上版本的 E 系列处理器中，CPSR 中的 Q 标志位表示增强的 DSP 运算指令是否发生了溢出，SPSR 中的标志位 Q 用于当异常出现时保留和恢复 CPSR 中的 Q 标志。在其他版本的处理器中，Q 标志位未定义。

3）控制位。PSR 的低 8 位 I、F、T 和 M[4:0] 统称为控制位，当发生异常时这些位发生变化。如果处理器运行于特权模式下，这些位也可以由软件修改。

I 和 F 位是中断禁止位：I 置 1 则禁止 IRQ 中断，F 置 1 则禁止 FIQ 中断。

T 位反映了处理器的运行状态，对不同版本的 ARM 处理器，T 位含义不同。

对于 ARM 体系结构 v3 及更低的版本和 v4 的非 T 系列版本处理器，T 位应当为 0。在这些版本中，没有 ARM 和 Thumb 状态之间的切换。

对于 ARM 体系结构 v4 及以上版本的 T 系列处理器，T 的含义：T=0 表示执行 ARM 指令，T=1 表示执行 Thumb 指令。在这些结构体系中，可以自由地使用能在 ARM 和 Thumb 状态之间切换的指令。

对于 ARM 体系结构 v5 及以上版本的非 T 系列处理器，T 的含义：T=0 表示执行 ARM 指令，T=1 表示强制下一条执行的指令产生未定义指令异常。

M[4:0]（M0、M1、M2、M3、M4）是模式位，这些位决定处理器的工作模式，具体含义见表 2-3。

表 2-3 M[4:0] 的具体含义

M[4:0]	处理器的工作模式	可访问的寄存器
0b10000	用户模式	PC、CPSR、R14 ~ R0
0b10001	FIQ 模式	PC、CPSR、SPSR_fiq、R14_fiq、R8_fiq、R7 ~ R0
0b10010	IRQ 模式	PC、CPSR、SPSR_irq、R14_irq、R13_irq、R12 ~ R0
0b10011	管理模式	PC、CPSR、SPSR_svc、R14_svc、R13_svc、R12 ~ R0
0b10111	中止模式	PC、CPSR、SPSR_abt、R14_abt、R13_abt、R12 ~ R0
0b11011	未定义模式	PC、CPSR、SPSR_und、R14_und、R13_und、R12 ~ R0
0b11111	系统模式	PC、CPSR（ARMv4 及以上版本）、R14 ~ R0

M[4:0] 其他的组合结果会导致处理器进入一个不可恢复的状态。

4）其他位。PSR 中的其余位为保留位，保留位用于 ARM 版本的扩展。应用软件不要操作这些位，以免与 ARM 将来版本的扩展冲突。

在 AArch64 模式下，ARM 有 31 个通用的 64 位寄存器（X0 ~ X30），没有 banked（banked 是指一个寄存器不同模式下会对应不同的物理地址）通用寄存器和堆栈指针（SP），PC 不是通用寄存器，附加专用的零寄存器（XZR）；AArch32 模式下的 ARM 状态是使用 CPSR 来存储当前程序执行状态，而 AArch64 则定义了一组 PSTATE 寄存器用以保存 PE（Processing Element）状态。

目前的处理器的主流状态是 AArch32 模式下的，故关于 AArch64 模式下的寄存器组织在这里不详细描述，感兴趣的读者请自行阅读相关资料。

2.3.2 执行模式、工作模式与异常中断类型

1. ARM 处理器的两种执行模式

（1）AArch64

AArch64 模式仅支持单个指令集，称为 A64。这是一个使用 32 位指令编码的固定宽

度指令集，地址设定为 64 位。目前只有 ARMv8 架构以上的处理器可以支持该模式。

（2）AArch32

AArch32 模式支持指令集 A32 和 T32。A32 是一个使用 32 位指令编码的固定长度指令集。在引入 ARMv8 之前，它被称为 ARM 指令集。T32 是一个可变长度的指令集，同时使用 16 位和 32 位指令编码。在引入 ARMv8 之前，它被称为 Thumb 指令集。ARM 指令集和 Thumb 指令集均有切换处理器状态的指令，并可在两种工作状态之间切换，但 ARM 微处理器在开始执行代码时，应处于 ARM 状态。状态切换的方法如下。

进入 Thumb 状态：当操作数寄存器的状态位（位 0）为 1 时，可以采用执行 BX 指令的方法，使微处理器从 ARM 状态切换到 Thumb 状态。此外，当处理器从 Thumb 状态进入异常（如 IRQ、FIQ、Undef、Abort、SWI 等），在异常处理返回时，自动切换到 Thumb 状态。

进入 ARM 状态：当操作数寄存器的状态位（位 0）为 0 时，执行 BX 指令时可以使微处理器从 Thumb 状态切换到 ARM 状态。此外，在处理器进行异常处理时，把 PC 指针放入异常模式链接寄存器中，并从异常向量地址开始执行程序，也可以使处理器切换到 ARM 状态。例如：

```
从 ARM 状态切换到 Thumb 状态：
    LDR   R0,=Label+1
    BX    R0
从 Thumb 状态切换到 ARM 状态：
    LDR   R0,=Label
    BX    R0
```


而 AArch32 和 AArch64 之间的切换只能通过发生异常或者系统 Reset 来实现。

2. ARM 处理器的 7 种工作模式

1）用户模式（User Mode，USR）：ARM 的正常程序执行模式，大部分任务执行在这种模式下。它运行在操作系统的用户状态，它没有权限去操作其他硬件资源，只能处理自己的数据，也不能切换到其他模式下，要想访问硬件资源或切换到其他模式只能通过软中断或产生异常。

2）快速中断模式（Fast Interrupt Mode，FIQ）：由外部触发 FIQ 引脚，用于比较紧急的中断处理，即当一个高优先级中断请求产生时进入这种模式。一般用于高速数据传输或通道处理。

3）外部中断模式（Interrupt Mode，IRQ）：用于通常的、一般的中断处理，即当一个低优先级中断请求产生时进入这种模式。通常在硬件产生中断信号之后自动进入该模式，该模式为特权模式，可以自由访问系统硬件资源。

4）管理模式（Supervisor Mode，SVC）：操作系统的保护模式，当复位或软中断指令执行时进入这种模式。在该模式下主要做系统的初始化，软中断处理也在该模式下，当用户模式下的用户程序请求使用硬件资源时通过软件中断进入该模式。

5）数据访问中止模式（Abort Mode，ABT）：当存取数据异常时进入这种模式，更细节地说，就是当用户程序访问非法地址，没有权限读取内存地址时，会进入该模式，常用于虚拟存储及存储保护。Linux 下编程时经常出现的 segment fault 通常都是在该模式下抛出返回的。

6）系统模式（System Mode，SYS）：运行具有特权级的操作系统任务的工作模式。用户模式和系统模式共用一套寄存器，操作系统在该模式下可以方便地访问用户模式的寄存器，但不受用户模式的限制。可以使用这个模式访问一些受控的资源。该模式需要避免使用与异常模式有关的附加寄存器，以保证在任何异常出现时，都不会使任务的状态不可靠。

7）未定义模式（Undefined Mode，UND）：当执行未定义指令时进入这种模式，即 CPU 在指令的译码阶段不能识别指令操作时，会进入未定义模式。该模式可用于支持硬件协处理器的软件仿真。

除用户模式外的其他模式被称为特权模式，其中除去用户模式和系统模式以外的 5 种模式又称为异常模式。可以通过软件改变 ARM 处理器的工作模式，外部中断或异常处理也可以引起模式发生改变。

大多数应用程序在用户模式下执行。当处理器工作在用户模式时，正在执行的程序不能访问某些被保护的系统资源，也不能改变模式，除非异常发生。当特定的异常出现时，进入相应模式。每种模式都有某些附加的寄存器，以避免不可靠状态的出现。系统模式与用户模式有完全相同的寄存器，但系统模式是特权模式，不受用户模式的限制，它供需要访问系统资源的操作系统使用。

3. ARM 处理器支持的异常中断类型

异常是由内部或外部源产生并引起处理器处理的一个事件。例如一个外部的中断请求或试图执行未定义指令都会引起异常，此时 ARM 会进入异常模式。在正常的程序执行时，每执行一条 ARM 指令，PC 的值加 4（执行 Thumb 指令时 PC+2），程序顺序执行；当程序遇到跳转指令时，程序跳到特定的地址标号处执行；当程序遇到调用子程序指令时，程序转去执行子程序，执行完后，再返回到调用子程序指令的下一条指令执行；当异常中断发生时，程序执行完当前指令后，根据引起异常的模式，转去相应的异常中断处理程序处执行，在处理异常之前，处理器的状态必须保留，以便异常处理完能够重新执行原来的程序。

ARM 体系结构支持的异常中断类型见表 2-4。其中各中断向量地址组成异常中断向量表。中断向量表指定了各异常中断及其处理程序的对应关系，它通常存放在存储地址的低端。在 ARM 体系结构中，异常中断向量表的大小为 32B。其中每个异常中断占据 4B，保留了 4B 空间。每个异常中断对应的异常中断向量表中的 4B 的空间中存放了一个跳转指令或者一个向 PC 赋值的指令。通过这两种指令，程序将跳转到相应的异常中断处理程序处执行。

当几个异常中断同时发生时，就必须按照一定的次序来处理这些异常中断，这就是异常中断的优先级。在 ARM 中，通过给各异常中断赋予一定的优先级序号来实现这种处理次序，表 2-4 中优先级为 1 的异常中断的优先级最高，当有优先级为 1 的异常中断和其他异常中断同时发生时，先响应优先级为 1 的异常中断。

表 2-4 ARM 体系结构支持的异常中断类型

异常中断类型	异常中断模式	向量地址	优先级（1 最高）
复位	管理模式	0x00000000	1
未定义指令	未定义模式	0x00000004	6
软件中断（SWI）	管理模式	0x00000008	6
指令预取中止	中止模式	0x0000000C	5
数据访问中止	中止模式	0x00000010	2
保留	—	0x00000014	—
外部中断请求 IRQ	IRQ 模式	0x00000018	4
快速中断请求 FIQ	FIQ 模式	0x0000001C	3

2.4 Cortex-A53 嵌入式处理器的指令系统

ARMv8 架构继承了 ARMv7 及之前处理器技术的基础，兼容现有的 A32（ARM 32 位）指令集，扩充了基于 64 位的 AArch64 架构，除了新增 A64（ARM 64 位）指令集外，还扩充了现有的 A32（ARM 32 位）和 T32（Thumb2 32 位）指令集。AArch64 比 AArch32 拥有更少的条件指令（条件指令有分支、比较、选择），没有 LDM/STM（用于批量从内存中读取或者写入数据）指令，添加 LDP/STP 指令以降低复杂性及功耗。由于目前市场上的主流还是应用 A32（ARM 32 位）和 T32（Thumb2 32 位）指令集，故本书主要介绍这两种指令集。

处理器工作在 AArch32 模式下的 ARM 状态时，执行 ARM 指令集（以后称 ARM 指令），而当其工作在 AArch32 模式下的 Thumb 状态时，则执行 Thumb 指令集（以后称 Thumb 指令）。所有 ARM 指令均为 32 位，指令以字对齐方式保存在存储器中，而所有 Thumb 指令都是 16 位，指令以半字对齐方式保存在存储器中。大多 ARM 指令都可以条件执行，而 Thumb 指令仅有一条具备条件执行功能。

ARM 是典型的 RISC 架构处理器，指令和寻址方式少而简单，大多数 ARM 指令在一个周期内就可以执行完毕。ARM 体系的指令集只有载入和存储指令可以访问存储器，数据处理指令只对寄存器的内容进行操作。为了提高处理器性能，ARM 处理器采用流水线技术来缩短指令执行的时间。相应的 ARM 版本与流水线级数如下所示。

ARM7：3 级流水线。

ARM9：5 级流水线。

ARM11：8 级流水线。

Cortex-A8：13 级流水线。

Cortex-A9：8 ～ 14 级流水线（取决于实现方式）。

Cortex-A15：15 级流水线。

Cortex-A53：8 级流水线。

Cortex-A57：15 级流水线。

Cortex-A72：15 级流水线。

Cortex-A73：15 级流水线。

Cortex-A75：15 级流水线。

ARM 指令集主要包括数据处理指令、分支指令、存储器访问指令、程序状态寄存器处理指令、协处理器指令和异常中断产生指令等。

2.4.1　指令的编码格式

ARM 指令的典型编码格式如图 2-9 所示。

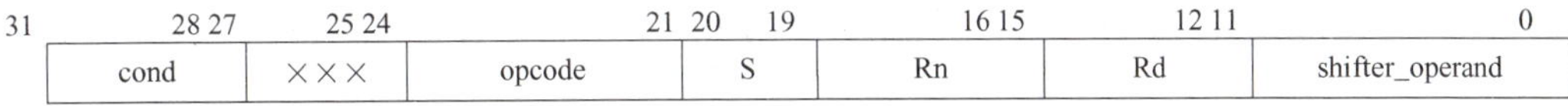

图 2-9　ARM 指令的典型编码格式

其中，每部分编码的含义如下所示。

- cond：指令执行的条件编码。
- opcode：指令操作符编码。
- S：决定指令的执行是否影响 CPSR 的值。
- Rn：包含第一个源操作数的寄存器编码。
- Rd：目标寄存器编码。
- shifter_operand：第二个源操作数。

一条典型的 ARM 指令语法格式如下所示。

```
<opcode>{<cond>}{S}    <Rd>, <Rn>, <shifter_operand>
```

其中各部分的含义如下所示。

- <opcode>：指令助记符，表示指令的功能，如 ADD 表示加法指令。
- {<cond>}：表示指令执行的条件，如 EQ 表示相等时才执行该指令。
- {S}：决定指令执行后是否影响 CPSR 的值。在默认情况下，数据处理指令不影响条件码标志位，但可以选择通过添加“S”来影响。有些指令如 CMP 不需要增加“S”就可改变相应的标志位。一般情况下，需要影响 CPSR 的值则加“S”，否则不加。
- <Rd>：表示目标寄存器。
- <Rn>：表示包含第一个源操作数的寄存器。
- <shifter_operand>：表示第二个源操作数。

注：ARM 指令语法格式中，<　>中的内容是必需的，而{}中的内容是可选的。如指令“ADDEQS　R0,R1,#6”表示，相等时（即 Z=1）执行操作 R0←R1+6，执行的结果影响 CPSR 的值（例如加的结果为负时，将 N 标志位置 1）。

2.4.2　主要的寻址方式

ARM 的指令编码中包含了操作码（指令的操作性质，如加、减等）和参与运算的操作数信息，所谓寻址方式是指根据指令编码中的操作数信息寻找真实操作数的方式。ARM 处理器有如下几种常用的寻址方式。

1. 立即寻址

```
ADD     R0, R0, #3          ; R0 ← R0+3
MOV     R1,#0x18            ; R1 ← #0x18
```

上述第一条指令完成寄存器 R0 的内容加 3 结果再放回 R0 中，第二条指令完成将十六进制数 18 送到寄存器 R1 中。

立即寻址是一种特殊的寻址方式，指令编码中包含了操作数本身。操作数在操作码的后续字节中，这个操作数称为立即数。立即数在指令中以 # 为前缀表示。在 # 后加 0x 或 & 表示十六进制数，加 0b 表示二进制数，加 0d 或省略表示十进制数。

2. 寄存器寻址

```
ADD   R0, R1, R2            ; R0 ← R1+R2
```

这条指令完成寄存器 R1 的内容与寄存器 R2 的内容相加结果送到寄存器 R0 中。寄存器寻址就是用寄存器的内容作为操作数。也就是说，指令编码中的操作数信息部分给出的是寄存器编号，而操作数就在此编号的寄存器中。

3. 寄存器间接寻址

```
LDR R0, [R1]                ; R0 ← [R1]
STR R0,[R1]                 ; [R1] ← R0
```


上述第一条指令完成将 R1 指向的存储单元中的内容加载到 R0 中。第二条指令完成将寄存器 R0 的内容送到 R1 指向的存储单元中。寄存器间接寻址就是用寄存器（如第一条指令的 R1）的值作为操作数的地址指向一个存储单元，而操作数在此存储单元中。

4. 寄存器移位寻址

```
ADD R3,R2,R1,LSL #2         ; R3 ← R2+4*R1
ADD R3,R2,R1,LSL R4         ; R3 ← R2+R1*2^R4
```

上述第一条指令实现先将寄存器 R1 的内容逻辑左移 2 位（左移一位相当于乘以 2），再与寄存器 R2 的内容相加，结果送到寄存器 R3 中。第二条指令实现先将寄存器 R1 的内容逻辑左移 R4 位（R4 的内容表示移位的位数），再与寄存器 R2 的内容相加，结果送到寄存器 R3 中。寄存器移位寻址是 ARM 指令集特有的，第二个源寄存器中存放的操作数先进行移位操作，然后与第一个源操作数结合。移位的位数可以由立即数直接给出，也可以以寄存器的方式间接给出。各种移位操作如图 2-10 所示。

LSL（Logical Shift Left）：逻辑左移。寄存器中的操作数左移一位，低端空出位补 0。

ASL（Arithmetic Shift Left）：算术左移。含义与 LSL 相同。

ASR（Arithmetic Shift Right）：算术右移。其操作对象是带符号数，因此移位过程中应保持操作数的符号不变。寄存器中的操作数右移一位。若操作数为正数，则高端空出位补 0；若操作数为负数，则高端空出位补 1（符号位扩展）。

LSR（Logical Shift Right）：逻辑右移。寄存器中的操作数右移一位，高端空出位补 0。

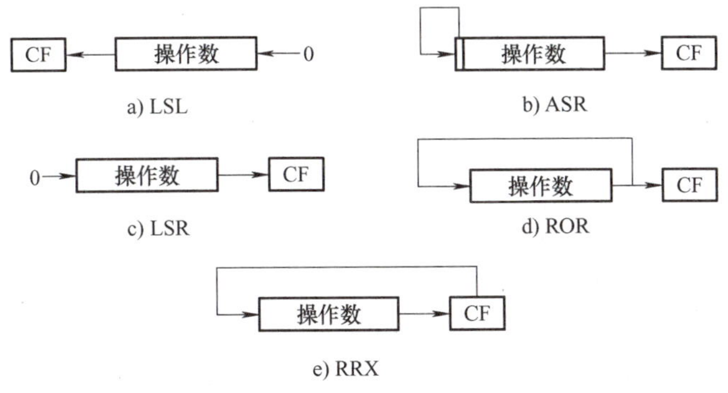

图 2-10　ARM 的移位操作

ROR（Rotate Right）：循环右移。寄存器中的操作数右移一位，最高端空出位移入最低端移出的位。

RRX（Rotate Right Extended）：带扩展的循环右移。寄存器中的操作数右移一位，高端空出位用原来 C 标志位中的值填入，低端移出的位填入 C 标志位。

5. 基址变址寻址

```
LDR R0, [R1, #-8]          ; R0 ← [R1-8]，前变址模式
LDR R0, [R1, R2]           ; R0 ← [R1+R2]，基址加索引寻址
LDR R0, [R1], #8           ; R0 ← [R1],R1 ← R1+8，后变址模式
LDR R0,[R1,#4]!            ; R0 ← [R1+4],R1 ← R1+4，自动变址模式
```

上述第一条指令实现把 R1-8 指向的存储单元中的内容加载到 R0 中。第二条指令实现将 R1 加 R2 指向的存储单元中的内容加载到 R0 中。第三条指令实现把 R1 指向的存储单元中的内容加载到 R0 中，再修改 R1 为 R1+8。第四条指令把 R1+4 指向的存储单元中的内容加载到 R0 中，再修改 R1 为 R1+4。

基址变址寻址是将基址寄存器中的内容与指令中的偏移量相加，得到操作数的存放地址。基址变址寻址用于访问基址附近的存储单元。基址变址寻址包括基址加偏移寻址和基址加索引寻址。基址加偏移寻址是在基址寄存器的基础上，加上（或减去）一个不超过 4KB 的偏移量来计算访问地址。如果偏移量是另一个寄存器的值时，就是基址加索引寻址（如第二条指令）。基址加偏移寻址又分为前变址模式、后变址模式和自动变址模式。对于前变址模式，基址寄存器存放的地址先变化，再执行指令操作（如第一条指令）；对于后变址模式，先用基址寄存器的内容作为地址执行指令操作，然后再加偏移量来变化基址寄存器的内容（如第三条指令）；自动变址模式用符号"!"表示指令执行完自动更新基址（如第四条指令，后变址模式不需要加"!"）。当基址变址寻址的偏移量为零时，基址变址寻址就是寄存器间接寻址。

6. 多寄存器寻址

多寄存器寻址方式可一次传递几个寄存器中的值，允许在一条指令中传送 16 个寄存器的任何子集。例如：

```
LDMIA R0, {R1, R2, R3}     ; R1 ← [R0]，R2 ← [R0+4]，R3 ← [R0+8]
```

这条指令将以 R0 为起始地址的存储单元中的内容加载到多个寄存器 R1、R2、R3 中。

7. 堆栈寻址

堆栈是一种按特定顺序进行存取的存储区，这种特定顺序即“先进后出”（FILO）或“后进先出”（LIFO），指向堆栈地址的寄存器称为堆栈指针（SP）。在 ARM 中，寄存器 R13 通常用作堆栈指针。所谓堆栈寻址，即利用堆栈指针，按特定顺序访问存储单元。使用压栈指令（STMFD）向堆栈写数据，使用出栈指令（LDMFD）从堆栈中读数据。例如：

```
STMFD R13!,{R0,R4-R12,LR}        ;将寄存器列表中的寄存器（R0、R4 到 R12、LR）内容存入
                                 ;堆栈
LDMFD R13!,{R0,R4-R12,PC}        ;将堆栈内容恢复到寄存器（R0、R4 到 R12、PC）中
```

8. 块复制寻址

块复制寻址即把一块数据从存储空间的某一位置复制到另一位置。

```
LDMIA R0!,{R2-R9}
STMIA R1!,{R2-R9}
```

上面两条指令实现将 R0 指向位置的 8 个字复制到 R1 指向的位置。

关于多寄存器寻址、堆栈寻址和块复制寻址的详细说明请参考 2.4.3 小节中的存储器访问指令。

9. 相对寻址

相对寻址可以认为是基地址为程序计数器（PC）的当前值，偏移量为目的地址和现行指令地址之间差的基址变址寻址，将 PC 的值与偏移量相加之后得到操作数的有效地址。以下程序段完成子程序的调用和返回，跳转指令 BL 采用了相对寻址方式。

```
BL    NEXT          ;跳转到子程序 NEXT 处执行
…
NEXT:
…
MOV   PC,LR         ;从子程序返回
```

相对寻址寻找的是下一条要执行的指令的地址，属于指令寻址。

在 AArch32 模式下，ARM 指令根据其功能可分为六类：数据处理指令（含乘法指令）、存储器访问指令、寄存器传送指令、异常中断产生指令、协处理器指令和分支指令。

2.4.3 数据处理指令与存储器访问指令

1. 数据处理指令

数据处理指令见表 2-5，可分为数据传送指令（MOV、MVN）、算术和逻辑运算指令（ADD、SUB、RSB、ADC、SBC、RSC、AND、ORR、EOR、BIC）和比较指令

（CMP、CMN、TST、TEQ）。数据传送指令用于数据在源、目标之间进行传输。算术和逻辑运算指令用于完成常用的算术和逻辑运算，该类指令不但将运算结果保存在目的寄存器中，同时更新 CPSR 中的相应条件标志位。比较指令不保存运算结果，只更新 CPSR 中相应的条件标志位。

表 2-5　ARM 数据处理指令

助记符	说明	操作
MOV{cond}{S} Rd,operand2	数据传送指令	Rd ← operand2
MVN{cond}{S} Rd,operand2	数据非传送指令	Rd ←（～operand2)
ADD{cond}{S} Rd,Rn,operand2	加法运算指令	Rd ← Rn+operand2
SUB{cond}{S} Rd,Rn,operand2	减法运算指令	Rd ← Rn-operand2
RSB{cond}{S} Rd,Rn,operand2	逆向减法指令	Rd ← operand2-Rn
ADC{cond}{S} Rd,Rn,operand2	带进位加法指令	Rd ← Rn+operand2+CF
SBC{cond}{S} Rd,Rn,operand2	带进位减法指令	Rd ← Rn-operand2-(NOT)CF
RSC{cond}{S} Rd,Rn,operand2	带进位逆向减法指令	Rd ← operand2-Rn-(NOT)CF
AND{cond}{S} Rd,Rn,operand2	逻辑“与”操作指令	Rd ← Rn&operand2
ORR{cond}{S} Rd,Rn,operand2	逻辑“或”操作指令	Rd ← Rn|operand2
EOR{cond}{S} Rd,Rn,operand2	逻辑“异或”操作指令	Rd ← Rn^operand2
BIC{cond}{S} Rd,Rn,operand2	位清除指令	Rd ← Rn&(～operand2)
CMP{cond} Rn,operand2	比较指令	标志 N、Z、C、V ← Rn-operand2
CMN{cond} Rn,operand2	负数比较指令	标志 N、Z、C、V ← Rn+operand2
TST{cond} Rn,operand2	位测试指令	标志 N、Z、C、V ← Rn&operand2
TEQ {cond} Rn,operand2	相等测试指令	标志 N、Z、C、V ← Rn^operand2

大多数 ARM 通用数据处理指令有一个灵活的第二操作数，在每一个指令的句法描述中以“operand2”表示。operand2 有两种可能的形式：#immed_8r 或 Rm {,shift}。

其中，immed_8r 为取值是数字常量的表达式。常量是一个 8 位的常数经循环右移偶数位（0,2,4,8,···,26,28,30）得到。ARM 指令是固定的 32 位指令编码，不可能直接用 32 位表示立即数，采用上述间接方式表示的立即数在指令编码中需要 12 位（其中 8 位表示常数、4 位表示循环右移）。这样一来，并不是每一个 32 位的常数都是合法的立即数，只有通过上面的构造方法得到的才是合法的立即数。

合法常量：0xFF、0x104、0xFF0、0xFF000、0xFF000000、0xF000000F。

非法常量：0x101、0x102、0xFFl、0xFF04、0xFF003、0xFFFFFFFF、0xF000001F。

Rm 为存储第二操作数数据的 ARM 寄存器，可用各种方法对寄存器中的位进行移位或循环移位。Shift 可以是以下方法的任何一种。

ASR n：算术右移 n 位（1≤n≤32）。

LSL n：逻辑左移 n 位（1≤n≤31）。

LSR n：逻辑右移 n 位（1≤n≤32）。

ROR n：循环右移 n 位（1≤n≤31）。

RRX：带扩展的循环右移 1 位。

type Rs：type 是 ASR、LSL、LSR 和 ROR 中的一种。Rs 是提供移位量的 ARM 寄存器，仅使用最低有效字节。

在指令中移位操作的结果用作 operand2，但 Rm 本身不变。

（1）数据传送指令

1）MOV：数据传送指令。

指令格式：

```
MOV{cond}{S}    Rd, operand2
```

MOV 指令将源操作数 operand2（可以是立即数或寄存器的值）传送到目标寄存器 Rd 中。若设置条件 cond，则 CPSR 中的条件标志位满足指定条件时，MOV 指令才执行。若设置 S，则根据指令执行的结果更新标志位 N 和位 Z，在计算 operand2 时更新标志位 C，不影响 V 标志位。

指令示例：

```
MOV       R0, R1            ; R0=R1          不影响标志位
MOVS      R2, #0x10         ; R2= #0x10，并影响标志位
MOVEQ     R1,#0             ; 相等时（Z=1）R1=0
```

2）MVN：数据非传送指令。

指令格式：

```
MVN{cond}{S}    Rd, operand2
```

MVN 指令将源操作数 operand2（可以是立即数或寄存器的值）按位取反后传送到目标寄存器 Rd 中。若设置条件 cond，则 CPSR 中的条件标志位满足指定条件时，MVN 指令才执行。若设置 S，则根据指令执行的结果更新标志位 N 和 Z，在计算 operand2 时更新标志位 C，不影响 V 标志位。

指令示例：

```
MVN     R3,R1,LSL #2        ; R1 左移并取反，结果存到 R3
MVNS    R2,#0xFF            ; R2=0xFFFF00，并影响标志位
```

（2）算术和逻辑运算指令

1）ADD：加法运算指令。

指令格式：

```
ADD{cond}{S}    Rd, Rn, operand2
```

ADD 指令将操作数 operand2 与 Rn 的值相加，结果存放到目的寄存器 Rd 中。若设置 S，则根据运算结果影响 N、Z、C、V 标志位（指令 ADC、SUB、RSB、SBC、RSC 对标志位的影响同 ADD 指令）。

指令示例：

```
ADDS    R1,R1,R2            ; R1=R1+R2，并根据运算的结果更新标志位
```

```
ADD     R0,R1,#1            ; R0=R1+1
ADD     R0,R2,R3,LSL#2      ; R0=R2+(R3<<2)
```

2）ADC：带进位加法运算指令。

指令格式：

```
ADC{cond}{S}    Rd,Rn,operand2
```

ADC 指令将操作数 operand2 与 Rn 的值相加，再加上 CPSR 中的 C 条件标志位的值，结果存放到目的寄存器 Rd 中。ADC 指令利用进位标志位，可以做比 32 位大的数的加法。注意：不要忘记设置 S 来更新进位标志位。

以下指令序列完成两个 64 位数的加法，第一个数由高到低存放在寄存器 R5 ～ R4 中。第二个数由高到低存放在寄存器 R3 ～ R2 中，运算结果由高到低存放在寄存器 R1 ～ R0 中。

```
ADDS    R0,R4,R2            ; 加低端的数
ADC     R1,R5,R3            ; (R1,R0)=(R5,R4)+(R3,R2)
```

3）SUB：减法运算指令。

指令格式：

```
SUB{cond}{S}    Rd, Rn, operand2
```

SUB 指令用 Rn 的值减去操作数 operand2，并将结果存放到目的寄存器 Rd 中。

指令示例：

```
SUBS    R1,R1,R2            ; R1=R1-R2，并根据运算的结果更新标志位
SUBGT   R3,3,#1             ; 大于则 R3=R3-1
SUB     R0,R2,R3,LSL#2      ; R0=R2-(R3<<2)
```

4）SBC：带进位减法运算指令。

指令格式：

```
SBC{cond}{S}    Rd, Rn, operand2
```

SBC 指令用 Rn 的值减去操作数 operand2，再减去 CPSR 中的 C 条件标志位的非（即 C=0，则结果减去 1），结果存放到目的寄存器 Rd 中。利用 SBC 指令可以做比 32 位大的数的减法。

指令示例：

```
SUBS    R0,R0,R2
SBC     R1,R1,R3            ; 用 SBC 实现 64 位减法，(R1,R0)=(R1,R0)-(R3,R2)
```

5）RSB：逆向减法指令。

指令格式：

```
RSB{cond}{S}    Rd, Rn, operand2
```

RSB 指令用操作数 operand2 减去 Rn 的值，结果存放到目的寄存器 Rd 中。

指令示例：

```
RSB   R0,R1,R2              ; R0=R2-R1
RSB   R0,R1,#256            ; R0=256-R1
RSB   R0,R2,R3,LSL#1        ; R0=(R3<<1)-R2
```

6）RSC：带进位逆向减法指令。

指令格式：

```
RSC{cond}{S}   Rd,Rn,operand2
```

RSC 指令用操作数 operand2 减去 Rn 的值，再减去 CPSR 中的 C 条件标志位的非（即 C=0，则结果减去 1），结果存放到目的寄存器 Rd 中。

指令示例：

```
RSBS   R2,R0,#0             ; 用 RSC 指令实现求 64 位数值的负数
RSC    R3,R1,#0             ; (R3,R2)=-(R1,R0)
```

7）AND：逻辑“与”操作指令。

指令格式：

```
AND{cond}{S}   Rd,Rn,operand2
```

AND 指令将操作数 operand2 与 Rn 的值按位逻辑“与”，结果存放到目的寄存器 Rd 中。若设置 S，则根据运算结果影响 N、Z 位，在计算第二操作数时，更新 C 位，不影响 V 位（指令 ORR、EOR、BIC 对标志位的影响同 AND 指令）。

指令示例：


```
ANDS   R1,R1,R2             ; R1=R1&R2，并根据运算的结果更新标志位
AND    R0,R0,#0x0F          ; R0=R0&0x0F，取出 R0 最低 4 位数据
```

8）ORR：逻辑“或”操作指令。

指令格式：

```
ORR{cond}{S}   Rd,Rn,operand2
```

ORR 指令将操作数 operand2 与 Rn 的值按位逻辑“或”，结果存放到目的寄存器 Rd 中。

指令示例：

```
ORRS   R1,R1,R2             ; R1=R1|R2，并根据运算的结果更新标志位
ORR    R0,R0,#0x0F          ; R0=R0|0x0F，将 R0 最低 4 位置 1，其余位不变
```

9）EOR：逻辑“异或”操作指令。

指令格式：

```
EOR{cond}{S}   Rd,Rn,operand2
```

EOR 指令将操作数 operand2 与 Rn 的值按位逻辑“异或”，结果存放到目的寄存器 Rd 中。

指令示例：

```
EORS   R1,R1,R2             ; R1=R1^R2，并根据运算的结果更新标志位
```

```
EOR     R0,R0,#0x0F           ; R0=R0^0x0F，将 R0 最低 4 位取反，其余位不变
```

10）BIC：位清除指令。

指令格式：

```
BIC{cond}{S}   Rd,Rn,operand2
```

BIC 指令将 Rn 的值与操作数 operand2 的反码按位逻辑“与”，结果存放到目的寄存器 Rd 中。

指令示例：

```
BIC     R0,R0,#0x0F           ; 将 R0 最低 4 位清零，其余位不变
```

（3）比较指令

1）CMP：比较指令。

指令格式：

```
CMP{cond}   Rn, operand2
```

CMP 指令用 Rn 的值减去操作数 operand2，并将结果的状态（Rn 与 operand2 比较是大、小、相等）反映在 CPSR 中，以便后面的指令根据条件标志决定程序的走向。CMP 指令与 SUBS 指令完成的操作一样，只是 CMP 指令只减，不存结果。

指令示例：

```
CMP   R0,R1                 ; 比较 R0 与 R1
BEQ   Stop                  ; R0=R1，跳到 Stop
BLT   Less                  ; R0<R1，跳到 Less
…
Less:
…
Stop:
```

2）CMN：负数比较指令。

指令格式：

```
CMN{cond}   Rn, operand2
```

CMN 指令用 Rn 的值加上操作数 operand2，并将结果的状态反映在 CPSR 中，以便后面的指令根据条件标志决定程序的走向。CMN 指令与 ADDS 指令完成的操作一样，只是 CMN 指令只加不存结果。

指令示例：

```
CMN   R1,#100        ; 将寄存器 R1 的值与立即数 100 相加，并根据结果设置 CPSR 中的标志位
```

3）TST：位测试指令。

指令格式：

```
TST{cond}   Rn,operand2
```

TST 指令将操作数 operand2 与 Rn 的值按位逻辑“与”，并根据运算的结果更新

CPSR 中相应的条件标志位。TST 指令与 ANDS 指令完成的操作一样，区别是 TST 指令不存结果。

指令示例：

```
TST    R1,#0x01         ; 测试 R1 的最低位是否为 0
```

4）TEQ：相等测试指令。

指令格式：

```
TEQ{cond}   Rn,operand2
```

TEQ 指令将操作数 operand2 与 Rn 的值按位“异或”，并根据运算的结果更新 CPSR 中相应的条件标志位。TEQ 指令与 EORS 指令完成的操作一样，区别是 TEQ 指令不存结果。

指令示例：

```
TEQ    R1,R2            ; 比较 R1 与 R2 是否相等
TEQ    R0,R0            ; R0^R0 结果为 0，标志位 Z=1
```

CMP、CMN、TST、TEQ 指令本身就是为影响标志位的，所以不设置 S 也会影响标志位。

（4）前导零计数 CLZ 指令

指令格式：


```
CLZ{cond} Rd,Rm
```

其中，cond 为可选的条件码；Rd 是结果寄存器，不允许是 R15；Rm 是操作数寄存器。

CLZ 指令对 Rm 中值的前导零的个数进行计数，结果放到 Rd 中。若源寄存器全为 0，则结果为 32。若位 [31] 为 1，则结果为 0。这条指令不影响条件标志位。

指令示例：

```
CLZ      R4,R9
CLZNE    R2,R3
```

（5）乘法指令

ARM 的乘法指令完成两个寄存器的内容相乘，结果可以是 32 位（放在一个寄存器中），也可以是 64 位（放在两个寄存器中）。第二种情形也可以是乘加的结果，即将乘积连续相加成为总和。参与运算的数可以是有符号的也可以是无符号的。ARM 的乘法指令见表 2-6。注意：R15 不能用作 Rd、Rm、Rs 或 Rn，Rd 不能与 Rm 相同。乘法指令中的所有操作数、目的寄存器必须为通用寄存器，不能对操作数使用立即数或被移位的寄存器。

表 2-6　ARM 的乘法指令表

助记符	说明	操作
MUL{cond}{S} Rd,Rm,Rs	32 位乘法指令	Rd ← Rm * Rs(Rd)
MLA{cond}{S}　Rd,Rm,Rs,Rn	32 位乘加指令	Rd ← (Rm * Rs)+ Rn

（续）

助记符	说明	操作
UMULL{cond}{S} RdLo,RdHi,Rm,Rs	64 位无符号乘法指令	(RdLo,RdHi) ← Rm*Rs
UMLAL{cond}{S}RdLo,RdHi,Rm,Rs	64 位无符号乘加指令	(RdLo,RdHi) ← Rm*Rs+(RdLo,RdHi)
SMULL{cond}{S}RdLo,RdHi,Rm,Rs	64 位有符号乘法指令	(RdLo,RdHi) ← Rm*Rs
SMLAL{cond}{S}RdLo,RdHi,Rm,Rs	64 位有符号乘加指令	(RdLo,RdHi)Rm*Rs+(RdLo,RdHi)

1）32 位乘法指令：MUL 和 MLA。

指令格式：

```
MUL{cond}{S}        Rd,Rm,Rs
MLA{cond}{S}        Rd,Rm,Rs,Rn
```

MUL 指令将 Rm 和 Rs 中的值相乘，并把结果放置到 Rd 中。MLA 指令将 Rm 和 Rs 中的值相乘，再将乘积加上 Rn，并把结果放置到 Rd 中。{cond} 表明该指令可以条件执行，若设置 S，则可以根据运算结果设置 CPSR 中相应的条件标志位。由于运算结果只保留最低有效的 32 位，对无符号数和有符号数是一样的，所以这条指令无须区分无符号数和有符号数，操作数 1 和操作数 2 均可以是 32 位的有符号数或无符号数。

指令示例：

```
MLA    R0,R1,R2,R3          ; R0 = R1*R2+R3
MLAS   R0,R1,R2,R3          ; R0 = R1*R2+R3，同时设置 CPSR 中的相关条件标志位
```

2）64 位无符号数乘法指令：UMULL 和 UMLAL。

指令格式：

```
UMULL{cond}{S}    RdLo, RdHi, Rm, Rs
UMLAL{cond}{S}    RdLo, RdHi, Rm, Rs
```

UMULL 指令完成将两个无符号整数 Rm 和 Rs 相乘，并将结果的最低有效 32 位放在 RdLo 中，最高有效 32 位放在 RdHi 中。UMLAL 指令完成将两个无符号整数 Rm 和 Rs 相乘，并将 64 位结果加到原 RdHi 和 RdLo 中的 64 位无符号整数上去。

指令示例：

```
UMULL   R0,R1,R2,R3         ; R0=(R2 * R3) 的低 32 位
                            ; R1=(R2 * R3) 的高 32 位
UMLAL   R0,R1,R2,R3         ; R0=(R2 * R3) 的低 32 位 +R0
                            ; R1=(R2 * R3) 的高 32 位 +R1
```

3）64 位有符号数乘法指令：SMULL 和 SMLAL。

指令格式：

```
SMULL{cond}{S}   RdLo,RdHi,Rm,Rs
SMLAL{cond}{S}   RdLo,RdHi,Rm,Rs
```

SMULL 指令将两个有符号整数（补码表示）Rm 和 Rs 相乘，并将结果的最低有效 32 位放在 RdLo 中，最高有效 32 位放在 RdHi 中。SMLAL 指令将两个有符号整数（补码表示）Rm 和 Rs 相乘，并将 64 位结果加到原 RdHi 和 RdLo 中的 64 位有符号整数上去。

指令示例：

```
SMLALS    R0,R1,R7,R6    ; R0=(R7*R6) 的低 32 位 +R0,R1=(R7*R6) 的高 32 位 +R1,
                         ; 根据运算结果设置 CPSR 中相应的条件标志位
SMULLNE   R0,R1,R7,R6    ; 当条件 NE 时，R0=(R7*R6) 的低 32 位，R1=(R7*R6) 的高 32 位
```

参与运算的数据和结果均为补码表示的有符号整数。

2. 存储器访问指令

ARM 微处理器的加载 / 存储指令用于在寄存器和存储器之间传送数据，加载指令（LDR）用于将存储器中的数据传送到寄存器，存储寄存器指令（STR）用于将数据从寄存器存放到存储器中。ARM 是加载 / 存储体系结构的典型的 RISC 处理器，对存储器的访问只能使用加载 / 存储指令实现。另外，ARM 处理器对 I/O 采用存储器映射式的寻址（I/O 端口与存储器统一编址），因此，输入 / 输出也通过加载 / 存储指令实现，当加载 / 存储的地址指向一个 I/O 端口时，LDR 完成输入、STR 完成输出。ARM 指令集有三种基本的数据存取指令：单寄存器存取指令（LDR 和 STR）、多寄存器存取指令（LDM 和 STM），以及存储器和寄存器交换指令（SWP）。

（1）单寄存器存取指令

1）LDR 和 STR 用于字和无符号字节

指令格式：

```
LDR/STR{cond}{T}    Rd,< 地址 >
LDR/STR{cond}B{T}   Rd,< 地址 >
```

LDR{cond}{T}　Rd,< 地址 >：加载指定地址的字数据到 Rd 中。

STR{cond}{T}　Rd,< 地址 >：存储 Rd 中的字数据到指定的地址单元中。

LDR{cond}B{T}　Rd,< 地址 >：加载指定地址的字节数据到 Rd 的最低字节中（Rd 的高 24 位清零）。

STR{cond}B{T}　Rd,< 地址 >：存储 Rd 中的最低字节数据到指定的地址单元中。

注意：T 为可选后缀，若有 T，那么即使处理器是在特权模式下，存储系统也将访问看成处理器是在用户模式下，T 在用户模式下无效，不能与前索引偏移一起使用 T。

地址部分可用的形式有 4 种。

形式 1：零偏移 [Rn]：Rn 的值作为传送数据的地址。例如：

```
LDR R0,[R1];
```

形式 2：前索引偏移 [Rn,Flexoffset]{!}：在数据传送之前，将偏移量 Flexoffset 加到 Rn 中。其结果作为传送数据的存储器地址。若使用后缀“!”，则结果写回到 Rn 中，且 Rn 不允许是 R15。例如：

```
LDRB    R0,[R1,#8]
```

```
LDR    R0,[R1,#8]!
```

形式 3：程序相对偏移 label（label 必须是在当前指令的 ±4KB 范围内）。

程序相对偏移是前索引形式的另一种版本。从 PC 计算偏移量，并将 PC 作为 Rn 生成前索引指令。不能使用后缀“!”。例如：

```
LDR   R0,place          ; place 地址装入 R0
```

形式 4：后索引偏移 [Rn],Flexoffset：在数据传送后，将偏移量 Flexoffset 加到 Rn 中，结果写回 Rn。Rn 不允许是 R15。例如：

```
LDR   R0,[R1],R2,LSL#2      ; 将存储器地址为 R1 的字数据读入寄存器 R0，
                            ; 并将新地址 R1+R2*4 写入 R1
```

而用于字和无符号字节的存取指令，偏移量 Flexoffset 可以是下两种形式之一。

形式 1：取值范围是-4095 ～ +4095 的整数的表达式，常是数字常量。例如：

```
STR R5,[R7],#--8
```

形式 2：一个寄存器再加上移位（移位由立即数指定）。例如：

```
{-} Rm {,Shift}
```

其中，

-：可选负号。若带此符号，则从 Rn 中减去偏移量；否则，将偏移量加到 Rn 中。

Rm：内含偏移量的寄存器。Rm 不允许是 R15。

Shift：Rm 的可选移位方法。可以是下列形式的任意一种。

ASR n：算术右移 n 位（1≤n≤32）。

LSL n：逻辑左移 n 位（1≤n≤31）。

LSR n：逻辑右移 n 位（1≤n≤32）。

ROR n：循环右移 n 位（1≤n≤31）。

RRX：循环右移 1 位，带扩展。

LDR　R0, [R1, R2, LSL#2]!

2）LDR 和 STR 用于半字和带符号字节。

指令格式：

```
LDR/STR{cond} <H|SH|SB> Rd,< 地址 >
```

LDR{cond}H　Rd,< 地址 >：指令加载存储器中指定 < 地址 > 的一个 16 位的无符号半字数据到目的寄存器 Rd 中，同时将寄存器 Rd 的高 16 位清零。

LDR{cond}SH　Rd,< 地址 >：指令加载存储器中指定 < 地址 > 的一个 16 位的有符号半字数据到目的寄存器 Rd 中，同时将寄存器 Rd 的高 16 位作符号扩展。

LDR{cond}SB　Rd,< 地址 >：指令加载存储器中指定 < 地址 > 的一个 8 位的有符号字节数据到目的寄存器 Rd 中，同时将寄存器 Rd 的高 24 位作符号扩展。

STR{cond}H　Rd,< 地址 >：指令存储寄存器 Rd 中一个 16 位的无符号半字数据（Rd 的低 16 位）到指定的存储器 < 地址 > 单元中。

STR{cond}SH　Rd,< 地址 >：指令存储寄存器 Rd 中一个 16 位的有符号半字数据（Rd

的低 16 位）到指定的存储器 < 地址 > 单元中。

STR{cond}SB　Rd,< 地址 >：指令存储寄存器 Rd 中一个 8 位的有符号字节数据（Rd 的低 8 位）到指定的存储器 < 地址 > 单元中。

这类指令地址部分可用的形式与用于字和无符号字节 LDR /STR 的指令相同，但要注意偏移量表达式的取值范围是 –255 ～ +255 内的整数，且不允许一个寄存器再加上移位的形式。例如“LDRSB　R0, [R1], R2, LSL#2”是错误的。

（2）多寄存器存取指令

ARM 微处理器支持批量数据加载 / 存储指令，即可以一次在一片连续的存储器单元和多个寄存器之间传送数据。批量数据加载指令（LDM）用于将一片连续的存储器中的数据传送到多个寄存器，批量数据存储指令（STM）则完成相反的操作。

指令格式：

```
LDM/STM{<cond>}< 模式 >  Rn{!},reglist{^}
```

其中，< 模式 > 有以下几种情况。

IA：先操作，后增加。

IB：先增加，后操作。

DA：先操作，后递减。

DB：先递减，后操作。

FD：满递减堆栈。

ED：空递减堆栈。

FA：满递增堆栈。

EA：空递增堆栈。

< 模式 > 为 IA、IB、DA、DB 时，称作数据块传送指令；< 模式 > 为 FD、ED、FA、EA 时，称作堆栈操作指令。

Rn 为基址寄存器，装有传送数据的初始地址。Rn 不允许为 R15。

寄存器列表 reglist 可以为 16 个可见寄存器（R0 ～ R15）的任意子集或全部，列表中至少应有 1 个寄存器。当有多个寄存器时，可用“,”隔开或用“–”表示寄存器范围，如 {R1,R3,R5–R7,R9}。列表中的寄存器次序是不重要的，因为这里有个约定：编号低的寄存器在加载 / 存储时对应存储器的低地址。不过，一般的习惯是在寄存器列表中按递增次序设定寄存器。

{!} 为可选后缀。若选用该后缀，则当数据传送完毕，将最后的地址写入基址寄存器；否则，基址寄存器的内容不改变。

{^} 为可选后缀，不允许在用户模式或系统模式下使用。当指令为 LDM 且寄存器列表中包含 R15，选用该后缀时表示除了正常的数据传送之外，还将 SPSR 复制到 CPSR，这可用于异常处理返回。同时，使用该后缀进行数据传送且寄存器列表不包含 R15（PC）时，加载 / 存储的是用户模式下的寄存器，而不是当前模式下的寄存器。

批量数据加载 / 存储指令（LDM/STM）依据其 < 模式 >（IA、IB、DA、DB）的不同，寻址方式也有较大的不同。不同 < 模式 > 下的寻址方式如图 2-11 所示。

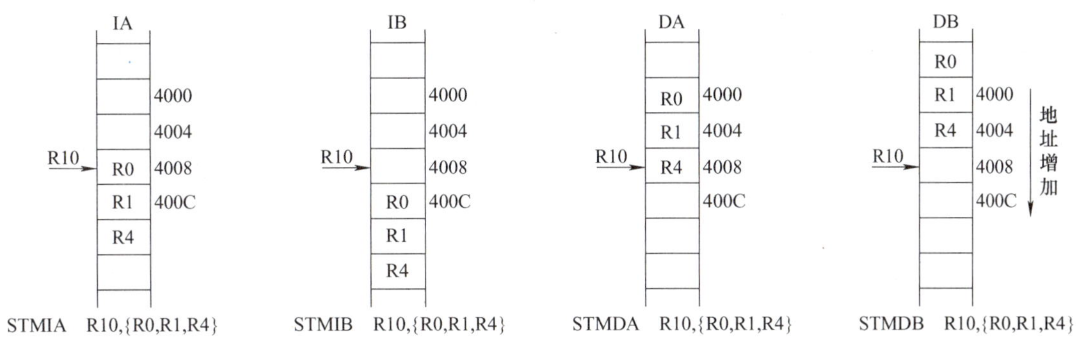

图 2-11　批量数据加载 / 存储指令的寻址方式

数据块传送（块复制）指令示例：

```
LDMIA   R10,{R0,R1,R4}    ;从内存中加载数据到寄存器 R0,R1 和 R4
STMDB   R10,{R0,R1,R4}    ;将 R0,R1 和 R4 中的数据存储到内存中
```

ARM 的堆栈操作通过批量数据加载 / 存储指令来完成，栈指针可以指向不同的位置。栈指针指向栈顶元素（即最后一个入栈的元素）时，称为满栈，如图 2-12a 所示。栈指针指向与栈顶元素相邻的一个可用数据单元时，称为空栈，如图 2-12b 所示。堆栈的增长方向也可以不同：当数据栈向内存地址减小的方向增长时，称为递减堆栈；当数据栈向内存地址增加的方向增长时称为递增堆栈。

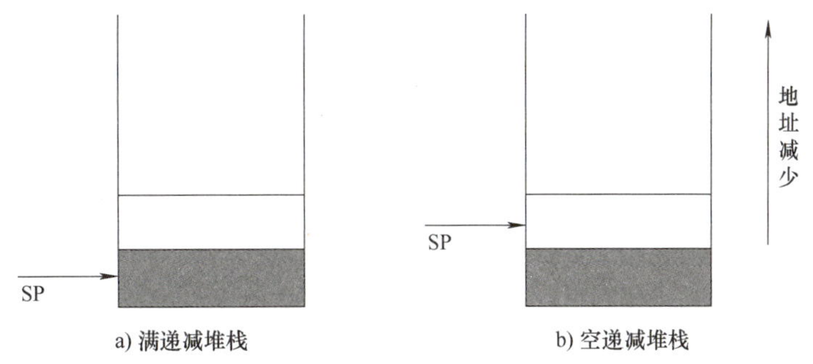

图 2-12　堆栈的形式

综合这两种特点可以有以下 4 种数据栈：FD 满递减堆栈、ED 空递减堆栈、FA 满递增堆栈、EA 空递增堆栈。

它们与批量数据加载 / 存储指令的对应关系见表 2-7。

表 2-7　块复制和堆栈指令对照表

		递增		递减	
		满	空	满	空
增值	先增	STMIB STMFA			LDMIB LDMED
	后增		STMIA STMEA	LDMIA LDMFD	

（续）

		递增		递减	
		满	空	满	空
减值	先减		LDMDB LDMEA	STMDB STMFD	
	后减	LDMDA LDMFA			STMDA STMED

堆栈操作指令示例：

```
STMFD   R13!,{R4-R7,LR}   ;将寄存器列表中的寄存器内容存入堆栈
LDMFD   R13!,{R4-R7,PC}   ;将堆栈内容恢复到寄存器列表中
```

上述两条指令的执行过程如图 2-13 所示（其中 Old R13 为操作前堆栈指针的位置）。

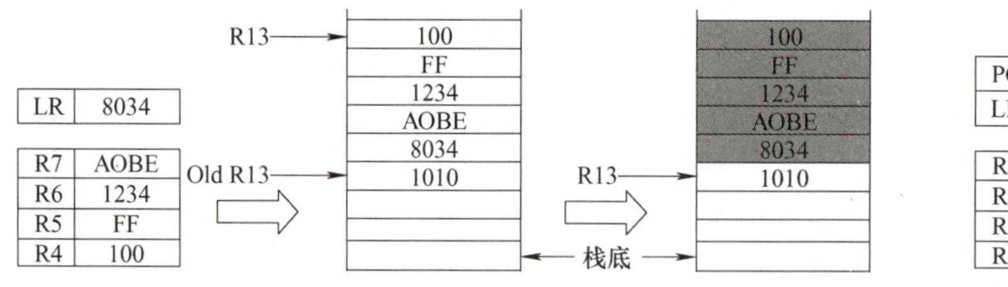

图 2-13　堆栈操作指令执行过程

注意：堆栈操作中总是要指定自动变址，否则以前保存的内容会因为堆栈寄存器的基址不变而在下一次堆栈操作时遭到破坏。

（3）存储器和寄存器交换指令

指令格式：

```
SWP{cond}{B}   Rd,Rm,[Rn]
```

SWP 指令将寄存器 Rn 所指向的存储器中的字数据或字节数据（SWPB）传送到寄存器 Rd 中，同时将寄存器 Rm 中的字数据或字节数据传送到寄存器 Rn 所指向的存储器中。Rd 与 Rm 可以是同一寄存器，但两者应与 Rn 不同。Rd 与 Rm 为同一个寄存器时，该指令实现交换该寄存器和存储器的内容。当交换的是字节数据时，Rd 的高 24 位清零。

指令示例：

```
SWP     R0,R1,[R2]        ;将 R2 所指向的存储器中的字数据传送到 R0，同时将
                          ;R1 中的字数据传送到 R2 所指向的存储单元
SWPB    R0,R0,[R1]        ;将 R1 所指向的存储器中的字节数据与 R0 中的低 8 位数据交换
```

2.4.4　寄存器传送指令

这类指令用于在程序状态寄存器 CPSR（或 SPSR）和通用寄存器之间传送数据，包括以下两条。

MRS：程序状态寄存器到通用寄存器的数据传送指令。

MSR：通用寄存器到程序状态寄存器的数据传送指令。

MRS 和 MSR 指令配合使用，可以更新状态寄存器（PSR），达到设置条件标志位、设置中断使能位和设置处理器模式的目的（但不能用这种方法设置 T 位来做状态切换，应该用 BX 指令等完成程序状态的切换）。

1. MRS

指令格式：

```
MRS{<cond>}   Rd, CPSR
MRS{<cond>}   Rd, SPSR
```

MRS{<cond>}　Rd,CPSR：将当前程序状态寄存器 CPSR 的值传送到通用寄存器 Rd 中。

MRS{<cond>}　Rd,SPSR：将备份的程序状态寄存器 SPSR 的值传送到通用寄存器 Rd 中。

注意：在用户模式或系统模式下没有可访问的 SPSR，所以这条指令在用户或系统模式下不能用。

指令示例：

```
MRS   R0,CPSR            ; 传送 CPSR 的内容到 R0
MRS   R0,SPSR            ; 传送 SPSR 的内容到 R0
```

2. MSR

指令格式：

```
MSR{cond}   <psr>_<fields>,#immediate
MSR{cond}   <psr>_<fields>,Rm
```

其中，

<psr>：状态寄存器 CPSR 或 SPSR。

<fields>：用于设置程序状态寄存器中需要操作的位。32 位的程序状态寄存器可分为 4 个域：位 [31:24] 为条件标志位域，用 f 表示；位 [23:16] 为状态位域，用 s 表示；位 [15:8] 为扩展位域，用 x 表示；位 [7:0] 为控制位域，用 c 表示。

immediate：要传到状态寄存器中指定域的立即数。

Rm：包含要传到状态寄存器中指定域的数据。

注意：在用户模式下不能对 CPSR[23:0] 做任何修改，在用户模式下所有位均可以被读取，但只有条件标志位（f）可被写。修改条件标志位（f）可以使用立即数方式，其他情况最好不用立即数方式。

指令示例：

```
MRS   R0,CPSR            ; 读取 CPSR
BIC   R0,R0,#0x1F        ; 修改，去除当前处理器模式
ORR   R0,R0,#0x13        ; 修改，设置特权模式
MSR   CPSR,R0            ; 写回，仅修改 CPSR 中的控制位域
```

2.4.5 异常中断产生指令

ARM 有两条异常中断产生指令：软件中断指令 SWI 用于产生 SWI 异常中断，ARM 正是通过这种机制实现在用户模式下对操作系统中特权模式的程序的调用；断点中断指令 BKPT 在 ARMv5 及以上的版本中引入，主要用于产生软件断点，供调试程序使用。

1. 软件中断指令 SWI

指令格式：

```
SWI{cond}    immed_24
```

其中，immed_24 为表达式，其值为 24 位正整数。

SWI 指令用来执行系统调用，处理器进入管理模式。指令中 24 位的立即数指定用户程序调用系统例程的类型，相关参数通过通用寄存器传递。当指令中 24 位的立即数被忽略时，用户程序调用系统例程的类型由通用寄存器 R0 的内容决定，同时，参数通过其他通用寄存器传递。

指令示例：

```
SWI   0x02      ;调用操作系统编号位 02 的系统例程
```

2. 断点中断指令 BKPT

指令格式：

```
BKPT   immed_16
```

其中，immed_16 为表达式，其值为 0 ～ 65 535 内的正整数（16 位正整数）。

BKPT（BreaKPoinT）指令使处理器进入调试模式。调试工具可使用这一机制在指令到达特定的地址时查询系统状态。

指令示例：

```
BKPT   0xF02C
```

该指令的作用是当处理器运行到这个断点时会触发断点异常，进入调试模式从而允许开发者检查和调试程序的运行情况。其中 0xF02C 作为断点编号，可以被调试器识别，用于区别不同的断点或传递附加信息。

2.4.6 协处理器指令

ARM Cortex-A53 支持协处理器操作，协处理器操作的控制要通过协处理器指令实现。Cortex-A53 支持 32 个协处理器，并且在程序执行过程中，每个协处理器只执行针对自身的处理指令，忽略 CPU 和其他协处理器的指令。如果相应的协处理器不存在，将发生一个未定义指令异常。

ARM 协处理器指令包括以下三类。

协处理器数据处理指令 CDP：用于 ARM 处理器初始化 ARM 协处理器的数据处理操作。

协处理器寄存器传送指令 MCR/MRC：用于 ARM 寄存器和 ARM 协处理器寄存器间的数据传送。

协处理器存储器传送指令 LDC/STC：用于 ARM 协处理器寄存器和内存单元间的数据传送。

1. 协处理器数据处理指令 CDP

指令格式：

```
CDP{cond}    coproc,opcode1,CRd,CRn,CRm{,opcode2}
```

其中，

cond：可选的条件码。

coproc：指令操作的协处理器名。标准名为 pn（n 为 0 ～ 31 的整数）。

opcode1：协处理器的特定操作码。

CRd、CRn、CRm：协处理器寄存器。

opcode2：可选的协处理器特定操作码。

指令示例：

```
CDP    p1,10,C1,C2,C3        ; 协处理器 p1 的初始化操作
```

2. 协处理器寄存器传送指令 MCR/MRC

指令格式：

```
MCR{cond}    coproc,opcode1,Rd,CRn,CRm{,opcode2}
MRC{cond}    coproc,opcode1,Rd,CRn,CRm{,opcode2}
```

其中，

cond：可选的条件码。

coproc：指令操作的协处理器名。标准名为 pn（n 为 0 ～ 31 的整数）。

opcode1：协处理器的特定操作码。

Rd：源寄存器，不允许是 R15。

CRn、CRm：协处理器寄存器。

opcode2：可选的协处理器特定操作码。

MCR 指令用于将 ARM 处理器寄存器中的数据传送到协处理器寄存器中，若协处理器不能成功完成操作，则产生未定义指令异常。其中，协处理器操作码 1（opcode1）和协处理器操作码 2（opcode2）为协处理器要执行的操作；源寄存器为 ARM 处理器的寄存器 Rd；目的寄存器 1（CRn）和目的寄存器 2（CRm）均为协处理器的寄存器。

指令示例：

```
MCR    P3,3,R0,C4,C5,6        ; 将 ARM 处理器寄存器 R0 中的数据传送到协处理器 P3 的寄存器中
```

MRC 指令用于将协处理器寄存器中的数据传送到 ARM 处理器寄存器中，若协处理器不能成功完成操作，则产生未定义指令异常。其中，协处理器操作码 1（opcode1）和协处理器操作码 2（opcode2）为协处理器要执行的操作；目的寄存器为 ARM 处理器的寄存器；源寄存器 1（CRn）和源寄存器 2（CRm）均为协处理器的寄存器。

指令示例：

```
MRC   p15,5,R4,C0,C2,3        ; 协处理器 15 中的寄存器 C0 和 C2 完成
                              ; 操作 5（子操作 3），然后将结果传到
                              ; ARM 寄存器 R4 中
```

3. 协处理器存储器传送指令 LDC/ STC

指令格式：

```
LDC{cond}{L}   coproc,CRd,< 地址 >
STC{cond}{L}   coproc,CRd,< 地址 >
```

其中，

cond：可选的条件码。

L：可选后缀，指明是长整数传送。

coproc：指令操作的协处理器名。标准名为 pn（n 为 0 ～ 31 的整数）。

CRd：用于加载或存储的协处理器寄存器。

< 地址 >：指定的内存地址。

LDC 指令用于将 < 地址 > 所指向的存储器中的字数据传送到目的寄存器 CRd 中。若协处理器不能成功完成传送操作，则产生未定义指令异常。

指令示例：

```
LDC   p6,CR1,[R4]             ; 将 R4 所指的存储器单元中的字数据取至协处理器
                              ; p6 的寄存器 CR1 中
LDC   p6,CR4,[R2,#4]          ; 将 R2+4 所指的存储器单元中的字数据取至协处理器
                              ; p6 的寄存器 CR4 中
```


STC 指令用于将源寄存器 CRd 中的字数据传送到 < 地址 > 所指向的存储器单元中。若协处理器不能成功完成传送操作，则产生未定义指令异常。

指令示例：

```
STC   p8,CR8,[R2,#4]!         ; 将协处理器 p8 寄存器 CR8 中的内容存至
                              ; R2+4 所指向的存储器单元中，然后，R2=R2+4
STC   p6,CR9,[R2],#-16        ; 将协处理器 p6 寄存器 CR9 中的内容存至
                              ; R2 指向的存储器单元中，然后，R2=R2-16
```

2.4.7 分支指令

在 ARM 程序中有两种方法可以实现程序流程的跳转。一种方法是通过向程序计数器（PC）写入跳转地址值来实现跳转。在 Cortex-A53 处理器中，程序计数器（PC）是一个 32 位的寄存器，因此可以实现在 4GB 地址空间中的任意跳转。例如，可以使用“MOV PC,LR”指令将程序控制权转移到 LR 寄存器所指向的地址。另一种方法是使用专门的分支指令来实现从当前指令向前或向后的 32MB 地址空间的跳转。例如，可以使用 B 指令实现无条件跳转，或使用 BL 指令实现有返回地址的跳转，也可以使用 BX 指令实现在不同的处理器模式之间的跳转。ARM 分支指令见表 2-8。

表 2-8　ARM 分支指令

助记符	说明	操作
B{cond}　lable	分支指令	PC ← lable
BL{cond}　lable	带链接的分支指令	LR ← PC-4，PC ← lable
BX{cond}　Rm	带状态切换的分支指令	PC ← Rm，切换处理器状态
BLX{cond}　Rm	带链接分支并可选的交换指令（寄存器）	LR ← PC-4，PC ← Rm，切换处理器状态（ARM 到 Thumb 或相反）
BLX　label	带链接并可选交换的分支指令（立即数）	LR ← PC-4，PC ← label，切换处理器状态（ARM 到 Thumb 或相反）

1. B：分支指令

指令格式：

```
B{cond}   lable
```

其中，lable 是一个地址标号。这条指令使 ARM 处理器跳转到给定的目标地址 lable 处。B 指令编码中的跳转地址值是相对当前 PC 值的一个偏移量，经汇编器计算得到跳转的绝对地址。

指令示例：

```
LOOP:
…
B      LOOP     ; 无条件跳转至标号 LOOP 处执行
CMP    R1,#0    ; R1=0 时，程序跳转到标号 Label 处执行
BEQ    Label
…
Label:
…
```

2. BL：带链接的分支指令

指令格式：

```
BL{cond}   lable
```

BL 指令在执行跳转的同时将转移指令的下一条指令的地址复制到当前处理器模式下的链接寄存器 LR 中。该指令一般用于子程序的调用和返回。

指令示例：

```
BL    fun        ; 调用子程序 fun
…
fun
```

```
…
MOV   PC,LR  ;子程序返回
```

3. BX：带状态切换的分支指令

指令格式：

```
BX{cond}   Rm
```

BX 指令使 ARM 处理器跳转到 Rm 的值指定的地址处。若 Rm 的位 [0] 为 1，则将 CPSR 中的 T 标志位置位，且将目标地址处的代码解释为 Thumb 代码（ARM 状态切换到 Thumb 状态）；若 Rm 的位 [0] 为 0，则处理器继续执行 ARM 指令。

指令示例：

```
BX   R7        ;跳转到 R7 的值指定的地址，并根据 R7 的最低位切换处理器的状态
```

4. BLX：带链接分支并可选的交换指令

这条指令有以下两种格式。

```
BLX{cond}   Rm
BLX   label
```

BLX 指令将本指令的下一条指令的地址复制到当前处理器模式下的链接寄存器 LR 中，跳转到 label 或 Rm 的值指定的地址处。若 Rm 的位 [0] 为 1 或使用“BLX label”形式，则切换到 Thumb 状态。

指令示例：

```
;ARM 指令
…
BLX   SUB1    ;一定切换到 Thumb 状态
…
;以下是 Thumb 指令
SUB1:
…
…
BX   R14      ;返回 ARM 状态
```

习题

2-1　请说出 ARM 处理器核使用 ARM 体系结构版本的情况。

2-2　请简要说明 Cortex-A53 处理器和 H6 芯片之间的关系。

2-3　举例说明 ARM 的各种寻址方式。

2-4　R0 和 R1 中有两个 32 位数：若 R0>R1，则 R0=R0-R1；若 R0<R1，则 R1=R1-R0；若 R0=R1，则 R1、R0 保持不变。

1）请用 CMP、B 和 SUB 指令完成上述操作。

2）请用条件 SUB 指令完成上述操作。

2-5　用合适的指令实现以下功能。

R0=16　　　　　　　R1=R0 × 4

R0=R1/16　　　　　R1=R2 × 7

2-6　下列指令序列完成什么功能?

```
ADD   R0, R1, R1, LSL #1
SUB   R0, R0, R1, LSL #4
ADD   R0, R0, R1, LSL #7
```

第 3 章　Cortex-A 嵌入式处理器程序设计与开发

3.1　基于 Cortex-A53 的嵌入式程序设计

3.1.1　嵌入式汇编程序设计

1. ARM 汇编中的文件格式

ARM 源程序文件（简称为源文件）可由任意一种文本编辑器来编写程序代码，一般为文本格式。在 ARM 程序设计中，常用的源文件可简单分为以下几种，不同种类的文件有不同的扩展名，见表 3-1。

表 3-1　ARM 源程序文件扩展名

源程序文件	文件扩展名	说明
汇编程序文件	*.s	用 ARM 汇编语言编写的 ARM 程序或 Thumb 程序
C 程序文件	*.c	用 C 语言编写的程序代码
头文件	*.h	为了简化源程序，把程序中常用到的常量命名、宏定义、数据结构定义等单独放在一个文件中，这个文件一般称为头文件

在 ARM 的一个工程中，可以包含多个汇编文件或多个 C 程序文件，也可以是汇编文件与 C 程序文件的组合，但至少要包含一个汇编文件或 C 程序文件。

2. ARM 汇编语言语句格式

ARM 汇编语言中，所有标号必须在一行的顶格书写，其后面不添加“:”，而所有指令均不能顶格书写。ARM 汇编器对标识符大小写很敏感，书写标号及指令时字母大小写要一致。在 ARM 汇编程序中，一个 ARM 指令、伪指令、寄存器名可以全部为大写字母，也可以全部为小写字母，但不要大小写混合使用。注释使用“;”，注释内容由“;”开始到此行结束，注释可以在一行的顶格书写。

汇编语句格式：

[标号],< 指令 >[条件][S]　< 操作数 >　[; 注释]

源程序中允许有空行，适当地插入空行可以提高源代码的可读性。如果单行太长，可以使用字符“\”将其分行，“\”后不能有任何字符，包括空格和制表符等。对于变量的设置和常量的定义，其标识符都必须在一行的顶格书写。

（1）汇编语言中的符号

在 ARM 汇编语言中，符号可以代表地址、变量、数字常量。当符号代表地址时又称为标号，符号就是变量的变量名、数字常量的名称和标号。符号的命名规则如下：符号由大小写字母、数字及下划线组成；除局部标号以数字开头外，其他的符号不能以数字开头；符号区分大小写，并且所有字符都是有意义的；符号在其作用域内必须是唯一的；符号不能与系统内部或系统预定义的符号同名；符号不要与指令助记符、伪指令同名。

在 ARM 汇编语言中，变量有数字变量、逻辑变量和串变量三种类型。变量的类型在程序中是不能改变的。经常使用 GBLA、GBLL 及 GBLS 伪操作声明全局变量，使用 LCLA、LCLL 及 LCLS 伪操作声明局部变量，使用 SETA、SETL 及 SETS 伪操作为变量赋值。

1）数字常量一般有三种表示方式：十进制数、十六进制数和 n 进制数。在 ARM 汇编语言中，使用 EQU 伪操作来定义数字常量。数字常量一经定义，其数值就不能再修改了。

2）标号代表一个地址，段内标号的地址在汇编时确定，而段外标号的地址在连接时确定。根据生成方式，标号有以下三种。

① 基于 PC 的标号。基于 PC 的标号是指位于目标指令前或程序中的数据定义伪指令前的标号，这种标号在汇编时将被处理成 PC 值加上或减去一个数字常量。它常用于表示跳转指令的目标地址，或者代码段中所嵌入的少量数据。

② 基于寄存器的标号。基于寄存器的标号通常用 MAP 和 FILED 伪指令定义，也可以用 EQU 伪指令定义。这种标号在汇编时被处理成寄存器的值加上或减去一个数字常量。它常用于访问位于数据段中的数据口。

③ 绝对地址。绝对地址是一个 32 位的数字量，它的寻址范围为 0 ～ 2^{32}–1，可以直接寻址整个内存空间。

3）局部标号主要用于局部范围代码中，宏定义中也是有用的。局部标号是一个 0 ～ 99 的十进制数字，可重复定义。局部标号后面可以紧接一个表示该局部变量作用范围的符号。局部变量的作用范围为当前段，也可以用伪指令 ROUT 来定义局部标号的作用范围。

局部标号的定义格式：

```
N{routname}
```

其中，N 为局部标号，为 0 ～ 99 的十进制数；routname 是局部标号作用范围的名称，由 ROUT 伪指令定义。

局部标号的引用格式：

```
%{F|B}{A|T}N{routname}
```

其中，% 表示引用操作；F 表示汇编器只向前搜索；B 表示汇编器只向后搜索；A 表示汇编器搜索所有宏的嵌套；T 表示汇编器只搜索宏的当前层；如果指定了 routname，汇编器向前搜索最近的 ROUT 操作，若 routname 与该 ROUT 伪操作定义的名称不匹配，汇编器报告错误并结束汇编。

如果在引用过程中，没有指定 F 和 B，则汇编器先向后搜索再向前搜索；如果 A 和 T 没有指定，汇编器搜索所有从当前层次到宏最高层次，比当前层次低的层次不再搜索。

（2）汇编语言中的表达式

表达式是由符号、数值、单目或多目操作符，以及括号组成的。在一个表达式中，各种元素的优先级如下：括号内的表达式优先级最高；各种操作符有一定的优先级；相邻的单目操作符的执行顺序为由右到左，单目操作符优先级高于其他操作符；优先级相同的双目操作符执行顺序为由左到右。

1）字符串表达式由字符串常量、字符串变量、运算符及括号组成。

① 字符串由包含在双引号内的一系列字符组成。字符串的长度受到 ARM 汇编语言语句长度的限制。当在字符串中包含美元符号“$”或者引号（' '）时，用 $$ 表示一个 $，用 " " 表示一个 ' '。

② 字符串变量用伪操作 GBLS 或者 LCLS 声明，用 SETS 赋值。例如字符串变量的定义：

```
GBLS   STR
STR: STR      SETS"AAA"
```


③ 操作符包括 LEN、CHR、STR、LEFT、RIGHT 和 CC 等。LEN 操作符返回字符串的长度。CHR 操作符可将 0 ～ 255 的整数识别为含一个 ASCII 字符的字符串。STR 操作符将一个数字量或逻辑表达式转换成串。LEFT 操作符返回一个字符串最左端一定长度的子串。RIGHT 操作符返回一个字符串最右端一定长度的子串。CC 操作符用于连接两个字符串。

2）数字表达式由数字常量、数字变量、操作符和括号组成。数字表达式表示的是一个 32 位的整数。

① 整数数字量。在 ARM 汇编语言中，整数数字量有以下几种格式：十进制数；十六进制数，以 0x 和 & 开头；n 进制数，形式为 n_base-n-digits，如二进制数 2_11001010。

② 浮点数字量。浮点数字量有以下几种格式：{-}digitsE{-}digits、{-}{digits}.digits{E{-}digits}、以 0x 或 & 开头的十六进制数。

其中，digits 为十进制的数字，要在其后加上字母 E（大写或小写）来表示指数，例如浮点数的表示：DCFD 1E223,-3E-10、DCFS 1.0、DCFD 3.725e15。

③ 数字变量。数字变量用伪操作 GBLA 或 LCLA 声明，用 SETA 赋值，它代表一个 32 位的数字量。与数字表达式相关的操作符有：NOT 按位取反；+、-、*、/ 及 MOD 算术操作符；ROL、ROR、SHL 及 SHR 移位（循环移位操作）操作符；AND、OR 及 EOR 按位逻辑操作符。

3）基于寄存器的表达式表示某个寄存器的值加上（或减去）一个数字表达式。基于 PC 的表达式表示 PC 寄存器的值加上（或减去）一个数字表达式。基于 PC 的表达式通常

由程序中的标号与一个数字表达式组成。相关的操作符有以下几种。

① BASE 操作符：用于返回基于寄存器的表达式中的寄存器编号。例如：

```
:  BASE:    A
```

② INDEX 操作符：返回基于寄存器的表达式相对于其基址寄存器的偏移量。例如：

```
:  INDEX:   A
```

③ +、- 为正、负号。它们可放在数字表达式或基于 PC 的表达式前面。例如：

```
+A
-A
```

其中，A 为基于寄存器的表达式或数字表达式。

4）逻辑表达式由逻辑量、逻辑操作符、关系操作符及括号组成。关系操作符用于表示两个同类表达式之间的关系。数字表达式都看成无符号数，字符串比较是根据串中对应字符的 ASCII 值进行比较。关系操作符包括 =（等于）、>（大于）、>=（大于或者等于）、<（小于）、< =（小于或者等于）、<>（不等于）。

逻辑操作符用于进行两个逻辑表达式之间的基本逻辑操作。逻辑操作符分以下几种。

① 逻辑与。逻辑表达式 A 和 B 的逻辑“与”。

```
A : LAND : B
```

② 逻辑或。逻辑表达式 A 和 B 的逻辑“或”。

```
A : LOR : B
```

③ 异或。逻辑表达式 A 和 B 的逻辑“异或”。

```
A : LEOR : B
```

3. ARM 汇编语言程序格式

下面以 CodeWarrior 编译器下汇编语言程序设计的格式为例，介绍 ARM 汇编语言程序的基本格式，并详细说明 ARM 汇编语言编程的几个重点。

ARM 汇编语言是以段（Section）为单位来组织源文件的。段是相对独立、具有特定名称、不可分割的指令或数据序列。段可分为代码段和数据段，一个 ARM 源程序至少需要一个代码段，大的程序可包含多个代码段和数据段。

ARM 汇编语言源程序经过汇编处理后生成一个可执行的映像文件，它包括：一个或多个代码段，代码段通常是只读的；0 个或多个包含初始值的数据段，这些数据段通常是可读 / 写的；0 个或多个不包含初始值的数据段，这些数据段被初始化为 0，通常是可读 / 写的。

连接器根据一定的规则将各个段安排到内存中的相应位置。源程序中段之间的相邻关系与执行的映像文件中段之间的相邻关系并不一定相同。

在 ARM 汇编语言源程序中，使用伪操作 AREA 定义一个段。AREA 表示一个段的开始，同时定义了这个段的名称及相关属性。例如在例 3-9 中定义了一个只读的代码段，其名称为 Add。

ENTRY 伪操作标识了程序执行的第一条指令，即为程序的入口点。一个 ARM 程序中可以有多个 ENTRY，但至少要有一个 ENTRY。初始化部分的代码及异常中断处理程序中都包含了 ENTRY。如果程序中包含 C 语言代码，则 C 语言库文件的初始化部分也包含 ENTRY。

END 伪操作告诉汇编编译器源文件结束。每一个汇编模块必须包含一个 END 伪操作，表示本模块结束。

GCC 编译器及 CodeWarrior 编译器下的汇编程序的控制结构主要有顺序结构、选择结构、循环结构和子程序调用。下面通过实例具体介绍 CodeWarrior 编译器下的汇编程序结构。

（1）顺序结构

顺序结构是按照逻辑操作顺序，从某一条指令开始逐条顺序执行，直至某一条指令为止。顺序结构是所有程序设计中最基本的程序结构，在程序设计中使用得最多。实际应用的程序远比顺序结构复杂得多，但它是组成复杂程序的基础。

【例 3-1】用顺序结构实现两个数相加。

```
AREA      EXAMPLE,CODE,READONLY
ENTRY                      ; 程序入口
start                      ; 程序开始
      MOV    R0,#10        ; 将立即数 10 放入寄存器 R0
      MOV    R1,#3         ; 将立即数 3 放入寄存器 R1
      ADD    R0,R0,R1      ; 将 R1 和 R0 相加，结果放入 R0
END                        ; 程序结束
```

例 3-1　顺序结构应用实例

由上述代码可知，顺序程序从 start 开始执行一直到 END 结束，中间没有条件判断和跳转。

（2）选择结构

选择结构的主要特点是程序执行流程必然含有条件判断，选择符合条件要求的处理路径。编程的主要方法是合理选用具有逻辑判断功能的指令。由于选择结构程序不像顺序结构那样，程序走向单一，所以在程序设计时，要使用程序流程图指明程序的走向。

1）单分支选择结构。当程序的判断只有两个出口时只能两者选一，称为单分支选择结构。在高级语言中可以通过 if…else 结构实现，如图 3-1 所示。

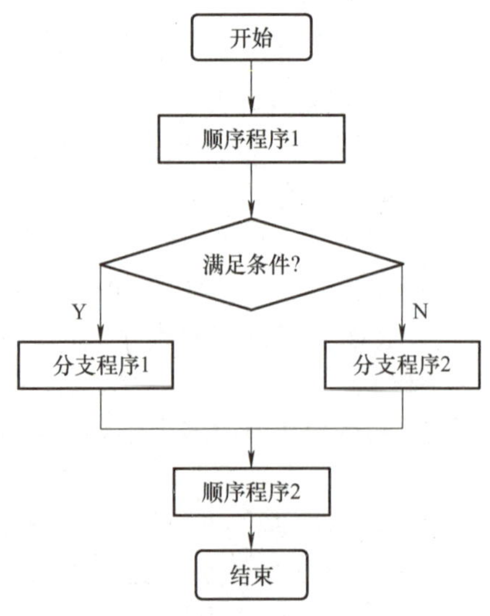

图 3-1　单分支选择结构

在 ARM 处理器中，使用算术和逻辑指令可将算术和逻辑运算结果的状态值保存在 CPSR 寄存器中。例如执行 ADDS 指令后，ADDS 将根据加法的进位情况更新 CPSR。ARM 指令集中，大部分操作都可以根据 CPSR 的值来判断是否应该执行。

【例 3-2】单分支选择结构示例。

使用高级语言实现：

例 3-2　单分支选择结构应用实例

```
if(R1>R2)
{
    R0 =R1-R2;        // 如果 R1 的值大于 R2 的值，将 R1-R2 的值放入 R0
}
else
{
    R0 =R2-R1;        // 如果 R1 的值小于等于 R2 的值，将 R2-R1 的值放入 R0
}
```

对应的汇编代码如下：

```
CMP         R1,R2
SUBGT       R0,R1,R2
SUBLT       R0,R2,R1
```

代码分析：CMP 将一个寄存器的内容与另一个寄存器的内容或立即数进行比较，更改标志位来进行条件执行。它进行一次减法，但不存储结果，而只更改标志位。标志位（CPSR 中的标志位 N、Z 和 C）表示的是操作数 R1 比操作数 R2 如何（大于、小于或等于）。如果操作数 R1 大于操作数 R2，则执行后面有 GT 后缀的指令，本例执行语句“SUBGT R0,R1,R2”实现 R1 的值减去 R2 的值并把结果放入 R0 中。如果操作数 R1 小于或等于操作数 R2，则执行后面有 LT 后缀的指令，本例执行语句“SUBLT　R0,R2,R1”。

通过例 3-2 可知，在汇编程序中，处理简单的单分支选择结构可以通过判断 CPSR 寄存器的值来使用对应的指令，从而实现条件判断。

2）多分支选择结构。多分支选择结构是指程序的判断部分有两个以上的出口流向。图 3-2 所示是一种多分支选择结构。对于多分支选择结构，如果按照单分支的思路进行汇编程序设计，就无法写出正确的程序。因为在 ARM 中只有一个 CPSR 寄存器，所以进行多次比较的时候肯定会改变 CPSR 的值。在高级语言中，常用 switch_case 语句来实现跳转，在 ARM 汇编语言中可以通过跳转表来实现这种类型的分支语句，这种方法能让程序根据不同的条件转移到不同的分支中去。

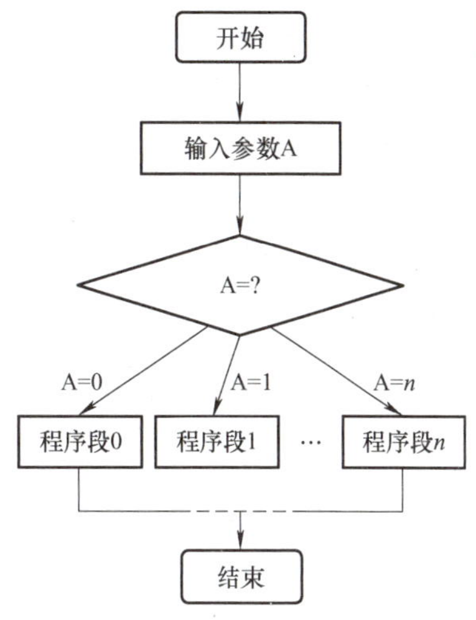

图 3-2　多分支选择结构

【例 3-3】使用跳转表实现多分支选择结构示例。

例 3-3　多分支选择结构应用实例

使用 C 语言的 switch 语句实现多分支选择结构，这个结构中有 5 个分支。

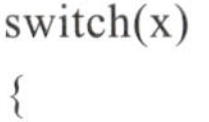

```
switch(x)
{
```

```
case1: R1=R2+R3;
case2: R1=R2-R3;
case3: R1=R2|R3;
case4: R1=R2&R3;
default: break;

}
```

使用跳转表实现的对应的汇编代码如下：

```
    AREA     Jump,CODE,READONLY
    CODE32
    Num EQU 5
    ENTRY
start
    MOV      R0; #4                    ;初始赋值，在程序中 R 相当于 switch(x) 中的 x
    MOV      R1, #3
    MOV      R2, #2
    MOV      R4, #0                    ;R4 对应跳转的条目编号在程序中是 1、2、3、4
    CMP      R0,#Num;
    BHS      stop                      ;如果入口大于实际的入口数目，程序退出
    ADR      R3, JumpTable             ;加载跳转表表头地址
    CMP      R0, #1                    ;是 case1 吗
    MOVEQ    R4,#1;
    LDREQ    pc,[R3,R4,LSL #2]         ;将目标地址存入 PC，程序跳转到对应处理函数
    CMPNE    R0,#2                     ;是 case2 吗
    MOVEQ    R4,#0
    LDREQ    pc,[R3,R4,LSL #2]         ;跳转到对应处理函数
    CMPNE    R0,#3                     ;是 case3 吗
    MOVEQ    R4,#2;
    LDREQ    pc,[R3,R4,LSL #2]         ;跳转到对应处理函数
    CMPNE    R0,#4                     ;是 case4 吗
    MOVEQ    R4,#3
    LDREQ    pc,[R3,R4,LSL #2]         ;跳转到对应处理函数
    DEFAULT                            ;是 default 吗
    MOVEQ    R0,#0
SWITCHEND                              ;switch 结束
stop
    MOV      R0,#0x18                  ;程序结束处理
    LDR      R1,=ax2002E
    SWI      0x123456

JumpTable
    DCD      CASE1
    DCD      CASE2
    DCD      CASE3
```

```
    DCD      CASE4
    DCD      DEFAULT
    CASE1                        ; 第一种可能
        ADD  R0, R1, R2
        SWITCHEND
    CASE2                        ; 第二种可能
        SUB  R0, R1, R2
        SWITCHEND
    CASE3                        ; 第三种可能
        ORR  R0, R1, R2
        SWITCHEND
    CASE4                        ; 第四种可能
        AND  R0, R1, R2
        SWITCHEND
    END                          ; 程序结束
```

上例中使用了跳转表来实现分支选择，JumpTable 是跳转表的名称，是跳转表的入口地址，CASE1、CASE2、CASE3、CASE4 是对应的行号。

（3）循环结构

循环结构是强制 CPU 重复多次执行一串指令的基本结构。从本质来看，循环程序结构只是分支结构的一个特殊形式而已。常见的循环结构有两种：一种是执行循环体后判断，对应 C 语言中的“do{ 循环体 }while(条件)”，其特点是先执行 do 部分的循环体，然后进行判断，如果不满足循环停止条件，继续执行 do 部分；另外一种循环结构对应 C 语言中的“while(条件){ 循环体 }”，它的特点是先判断条件，然后执行循环体。这两种结构都可以使用带条件判断的跳转语句实现。

1）do…while 循环结构。

【例 3-4】将一个字符串复制到另外一个字符串中。程序中使用循环每次从目标字符串复制一个字符。

例 3-4　do…while 循环结构应用实例——字符串复制 1

```
    AREA     StrCopy, CODE, READONLY
    ENTRY
start
    LDR      R1, = srcstr        ; R1 源字符串
    LDR      R0, = dststr        ; R0 目标字符串
strcopy
    LDRB     R2,[R1], #1         ; 从源字符串中加载一个字节，并且对 R1 做自加运算
    STRH     R2,[R0],#1;         ; 将源字符串中的数据存储到目标字符串并对 R0 做自加运算

    CMP      R2, #0              ; 判断源字符串是否结束

    BNE      strcopy             ; 如果没有结束，继续复制

stop
    MOV      R0, #0x18           ; 程序结束处理
```

```
        LDR         R1,= 0x20026
        SWI         0x123456;

        AREA        Strings, DATA, READWRITE
srcstr  DCB         "source string ",0      ; 源字符串，以 NULL 结尾
dststr  DCB         "",   0;                ; 目标字符串，为空值
        END
```

程序使用 DCB 为字符串分配空间并且初始化，分别为 srcstr 和 dststr。使用 CMP 语句对状态寄存器进行操作，然后使用条件转移指令 BNE 判断是否应该继续执行循环。

2）while 循环结构。while 循环结构是先判断条件，后执行循环体的一种结构，也就是“while(条件){ 循环体 }”类型的循环。例 3-5 仍以字符串复制，介绍该结构的汇编实现方法。

【例 3-5】

```
        AREA        StrCopy2, CODE, READONLY
        ENTRY
start
        LDR         R1, = srcstr            ; R1 为源字符串
        LDR         R0, = dststr            ; R0 为目标字符串
strcopy
        LDRB        R2,[R1 ],#1             ; 从源字符串中加载一个字节，并且
                                              对 R1 做自加运算
        CMP         R2,#0                   ; 判断源字符串是否结束
        BEQ         stop                    ; 如果没有结束，继续复制
        STRB        R2, [R0], #1            ; 将源字符串中的数据存储到目标字符串
        B           strcopy
stop
        MOV         R0, #0x18;              ; 程序结束处理
        LDR         R1,= 0x20026
        SWI         0x123456;

        AREA        Strings, DATA, RF
srcstr DCB          "source string ",0      ; 源字符串，以 NULL 结尾
dststr DCB          "",0                    ; 目标字符串，为空值
        END
```

例 3-5 while 循环结构应用实例——字符串复制 2

在 strcopy 代码段中当从源字符串复制了字符串以后就马上判断是否应该转移，复制完成后无条件转移到复制的开始。

3）多重循环结构。上面介绍的循环程序都是一重循环结构，在实际程序设计中经常会遇到多重循环语句。这类循环结构用高级语言描述如下：

```
while( 条件 1)
{
    语句 ;
while( 条件 2)
```

```
        {
            循环体；
        }
    }
```

多重循环和单重循环设计方法类似。由于只有一个 CPSR 寄存器，在使用的时候要注意区分第一重循环和第二重循环的条件判断。例 3-6 以冒泡排序程序为例说明如何实现多重循环。程序对一个已经定义好的数组进行排序，有两重循环，使用一个 CPSR 寄存器实现两重循环。

【例 3-6】多重循环实例。

例 3-6　多重循环结构应用实例——冒泡程序

```
        AREA    Sort, CODE, READONLY

        ENTRY
start
        MOV     R4. #0
        LDR     R6, =src
        ADD     R6,R6,#len      ; R6 存放数组的结尾
outer                           ; 外层循环开始
        LDR     R1, =src        ; 对地址寄存器赋值
inner                           ; 内层循环部分
        LDR     R2,[R1]         ; R1 为地址寄存器，R2 为数据寄存器
        LDR     R3,[R1,#4]
        CMP     R2,R3           ; 相邻的两个数进行比较，如果前者大于
                                ; 后者，那么交换存储位置
        STRGT   R3,[R1]         ; 如果 R3 小，就把 R3 存放在前面
        STRGT   R2,[R1,#4]      ; 将 R2 存放在后面
        ADD     R1,R1,#4        ; 向下移动
        CMP     R1,R6           ; 是否已经扫描了一遍
        BLT     inner           ; 继续循环
                                ; 完成了一次内层的循环
        ADD     R4,R4,#4        ; 外层循环控制


        CMP     R4,#len
        SUBLE   R6,R6,#4
        BLE     outer
stop
        MOV     R0,#0x18        ; 程序结束处理
        LDR     R1,=0x20026
        SWI     0x123456

        AREA    array, DATA, READWRITE
src     DCD     2,4,10,8,14,1,20
len     EQU     7*4
        END
```

上述程序实现对数组 src 升序排列。冒泡法每次从头开始扫描相邻两个数，然后对这两个数进行比较，将大的放在后面。扫描一次以后最大的数就放在最后面了，下一次扫描时将不对最后一个数进行操作。程序设计过程中每次进入内层循环前要重新对临时变量初始化。变量的分配以字为单位，因此地址偏移都是以 4 字为单位，如“LDR R3,[R1,#4]”和“STRGT R2,[R1,#4]”。程序中使用 outer 和 inner 标志外层循环和内层循环。内层循环和外层循环前的判断是相互独立的，所以不需保留 CPSR 的值。

4）子程序调用。子程序调用是指单独编写一个子程序，并存放在某一个存储区域，需要的时候通过指令调用。在程序设计中，可以将那些需要多次使用的、完全相同的某种基本运算或操作的程序段从整个程序中独立出来，单独编写。在 ARM 汇编中，子程序的调用可以通过 BL 指令来完成。

【例 3-7】通过调用子程序实现数据交换。

例 3-7　子程序调用应用实例——数据交换应用实例

```
        AREA    Sort, CODE, READONLY
        ENTRY
start
        LDR     R0, =src;
        BL      swap
        LDR     R3, [R0]
        LDR     R2, [R0, #4]

stop
        MOV     R0, #0x18
        LDR     R1, =0x20026
        SWI     0x123456
swap

        LDR     R3, [R0]
        LDR     R2, [R0,#4]
        STR     R2, [R0]
        STR     R3, [R0, #4]
        MOV     PC,LR

        AREA    array, DATA, READWRITE
src     DCD     2,4
        END
```

上述程序中定义了函数 swap，其作用是交换内存中的两个数据，主函数使用 BL 调用子函数 swap。调试环境下可以看到，经过函数调用以后函数的值发生了变化。函数的开始定义一个行号（入口），即“swap”，然后是程序的主体部分，程序的最后用“MOV PC,LR”语句返回到调用语句的下一条语句。

3.1.2　嵌入式编译模式与开发环境

在开发基于 ARM 的嵌入式系统时，选择合适的开发工具可加快开发进度，降低开发成本。目前世界上有几十家公司提供不同类别的 ARM 开发工具和产品。一般来说，一套包含编译等最基本功能的集成开发环境（IDE）是嵌入式系统开发必不可少的。常见的 ARM 编译开发环境有两种：一种是由 ARM 公司开发的 ADS/SDT IDE，使用了 CodeWarrior 编译器；另一种是由 GNU 的汇编器 AS、交叉编译器 GCC 和连接器 LD 等组成的 IDE 开发环境。

选择 ADS/SDT 开发环境时，用户的工程、源程序文件应符合 ADS/SDT 的语法和规则。选择集成 GNU 开发工具的集成开发环境时，用户的工程、源程序文件应符合 GNU 的语法和规则。下面分别介绍在 GNU 和 ADS 编译环境下的汇编语言程序框架。

1. GNU 编译环境下的汇编语言程序框架

【例 3-8】采用 GNU 规范编写 ARM 汇编语言程序，使用 GCC 交叉编译器编译，实现将表达式 1+2 的结果放在寄存器 R0 中。

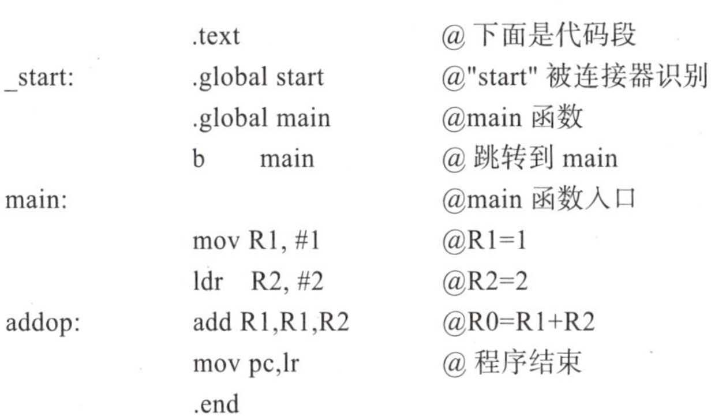

```
            .text               @下面是代码段
_start:     .global start       @"start" 被连接器识别
            .global main        @main 函数
            b     main          @跳转到 main
main:                           @main 函数入口
            mov R1, #1          @R1=1
            ldr   R2, #2        @R2=2
addop:      add R1,R1,R2        @R0=R1+R2
            mov pc,lr           @程序结束
            .end
```

例 3-8　GNU 编译环境下的汇编语言程序框架

（1）汇编语句结构

```
addop:add   R0,R1,R2            @R0=R1+R2
```

一句完整的汇编语句由三部分组成。

1）代码的行号，如 addop。在汇编程序中，行号是代码在程序中的相对地址，在程序设计中常用在跳转指令和变量定义中。

2）执行代码，如 add　R0,R1,R2。其作用是将 R1 和 R2 寄存器的内容相加放到 R0 中。

3）注释，由“@”开始。也可以使用“;”作为注释的开始，如“;R0=R1+R2”。

（2）程序分析

为了加深对 GNU 编程的理解，接下来对例 3-8 的程序进行分析：.text 伪指令标识了源程序的开始；随后的“_start：.global start”语句中，start 是行号，在连接时使用，.global 伪指令定义了全局变量 start；紧接着的是 main 函数部分，对寄存器进行操作，得到结果后由语句“mov pc,lr”结束程序并交出 CPU 的控制权，语句中 pc 是寄存器 R15 的别名，lr 是连接寄存器的别名，即 R14，在跳转到 main 函数的过程中，main 函数的返回地址将存放到 lr 中，即语句将 lr 的值放到 pc 中，实际上就是函数的返回地址；程序最后的 .end 伪指令表示程序结束。

除了上面几个伪指令之外，在 GNU 的编译器中经常使用的伪指令还包括一些。

1）.arm 和 .code32，用于标识后面的汇编代码的指令集是 32 位的 ARM 指令集。

2）.thumb 和 .code 16，用于标识后面的代码是 16 位的 Thumb 指令集的代码。

3）.thumb_func，表示下面的代码是使用 Thumb 指令集的函数。

4）.section，告诉编译器代码段的类型。使用方法为“.section expr”，其中 exp 的取值可以为 text（只读代码区）、data（可读可写数据区）和 bss（为静态和全局变量保留的可读可写的数据区，一般是不初始化的）。

5）ldr register,=expression，这是一条比较常用的伪指令，其作用是将 32 位的立即数存放到寄存器中，即将 expression 代表的立即数存放到 register 寄存器中。mov 和 mvn 指令使用的立即数是 24 位的，所以 mov 和 mvn 在处理立即数的时候，如果立即数太大，则不能装载。因此，ldr 伪指令常用在 mov 和 mvn 指令失效的情况下。其效率略低于 mov 和 mvn 指令。

6）.ltorg 和 .pool，表明一个新的数据缓冲池的开始。

7）.align，通过添加字节使当前位置满足一定的对齐方式，如 .align 3 表示将当前位置左移 3 位。

8）.macro 和 .endm，声明一个宏。例如，定义宏 inw，参数为 rd、mask 和 temp。

```
.macro          inw     rd,mask,temp        @宏定义开始
ldr             \rd,[r0]                    @通过使用斜杠（\）引用宏的参数
and             \rd,\rd,\mask
ldr             \temp,[r0]
orr             \rd,\rd,\temp,lsl#16
.endm                                       @宏定义结束
```


9）.equ 和 .set，数据初始化指令，作用是对变量初始化，如“.equ　BitMask,7”。

10）.fill、.zero 和 .space（.skip），数据填充指令。file 的语法格式是“.fill repeat{,size}{,value}”，表示将大小为 size 的区域使用 value 填充 repeat 次。.zero 的语法格式是“.zero size”，表示使用数值 0 初始化大小为 size 的区域。.space 也可写作 .skip，其语法格式是“.space　size{,value}”，作用是使用数值 value 填充大小为 size 的 space 区域。

11）.byte、.hword、.short、.word、.int 和 .long，整型数据分配伪指令。其中，.byte 分配 8 位空间，.hword 和 .short 分配 16 位空间，.word、.int 和 .long 分配 32 位空间。

12）.ascii、.asciz 和 .string，字符串定义伪指令。其中 .asciz 和 .string 定义一个以 \0 结尾的字符串，.ascii 的结尾是非空的。例如：.ascii　"Ascii text is here" 生成的字符串为 "Ascii text is here"，其结尾不包含 '\0'；.asciz"Zero Terminated Text" 生成的字符串为 "Zero Terminated Text\0"，其结尾包含 '\0'；.string"Same with .asciz\z" 生成的字符串为 "Same with .asciz\0"，其结尾也包含 '\0'。

13）if、.elseif、.else、.endif、.ifdef、.ifndef、.ifc、.ifnc、.ifeq、.ifne 等，逻辑判断伪指令。其中，.fc 和 .ifnc 也可以写成 .feqs 和 .ifnes，用于比较字符串。

14）.rept 和 .endr，循环伪指令。.rept 的语法格式是“.rept count”，表示循环执行 .rept 和 .endr 之间的语句 count 次。

15）.func 和 .endfunc，函数定义伪指令。用于定义函数，其中 .func 指令用于开始函

数定义，.endfunc 指令用于结束函数定义。

2. ADS 编译环境下的汇编语言程序框架

【例 3-9】采用 ADS 编译环境下的 ARM 汇编程序设计，使用 CodeWarrior 编译器实现将表达式 1+2 的结果存放在寄存器 R0 中。

例 3-9 ADS 编译环境下的汇编程序框架

```
        AREA   Add,CODE,READONLY          ; 程序起始定义
        ENTRY                             ; 第一条指令的标识符
                                          ; 下面是程序主体
start
        MOV    R0, #1
        MOV    R1, #2
addop
        ADD    R0, R0, R1          ; R0=R0+R1
stop
        MOV    R0, #0x18           ; 设置程序结束处理代码（angel_SWIreason_ReportException）
        LDR    R1,=0x20026         ; 将地址 0x20026 加载到寄存器 R1（ADP_Stopped_ApplicationExit）
        SWI    0x123456            ; 调用 ARM 半主机 SWI（ARM semihosting SWI）
        END                        ; 程序结束
```

（1）汇编语句结构

语句“Addop　ADD　R0,R0,R1　;R0=R0+R1”是一个完整的汇编语句代码，由三部分组成：其中 Addop 是代码的行号，和 GNU 汇编不同的是，此处行号后面通常不用“:”；“ADD　R0,R0,R1”是汇编指令（或伪指令）部分；“;R0=R0+R1”是注释部分，以“;”开头。

（2）程序分析

例 3-9 程序开始“AREA　Add,CODE,READONLY”定义了一个代码段。AREA 伪指令用来定义代码段和数据段，其语法格式为：AREA sectionname{,attr}{,attr}…。其中，sectionname 是代码段或者数据段的名称，在例子中对应 Add CODE 表明这是一个代码段，如果这个字段是 DATA 就表明是一个数据段。

READONLY 表明下面的代码是只读的。也可以使用 READWRITE 表明代码段可读可写，READWRITE 经常和 DATA 一起使用。

一个汇编程序的源文件可以有一个或者多个使用 AREA 定义的代码段，也可以有 0 个或者多个使用 DATA 定义的数据段，这些代码段和数据段将通过连接器连接到二进制的可执行代码中。

第二句汇编语句 ENTRY 是一个伪指令，相当于 C 语言中的 main() 函数，用来标识一个代码段的入口。一个汇编文件只能有一个 ENTRY。接下来的三个汇编语句用来执行 1+2 并将结果放入 R0 中，然后进入 stop 部分。

stop 部分的作用是将程序的控制权转交给调试器，其中需要完成三部分工作。

1）在寄存器 R0 中写入操作的类型。在例 3-9 中，语句“MOV　R0,#0x18”将 R0 赋值为 0x18，这个立即数对应于宏 angel_SWIreason_ReportException，表示 R0 中存放程序的执行状态。

2）在 R1 中写入程序的状态参数。语句“LDR　R1,=0x20026”将 R1 的值设置成 ADP_Stopped_ApplicationExit，该宏表示程序正常退出。

3）使用 SWI 将控制权转交给调试器。语句“SWI　0x123456”的作用是结束程序，将 CPU 的控制权交回给调试器。

程序最后以 END 伪指令结尾，END 伪指令必须和 ENTRY 配对使用。

例 3.9 中用到的伪指令有 AREA、ENTRY、END，关于 CodeWarrior 环境下的伪指令将在 3.1.4 小节中介绍。

对比上面两个例子，其编程思路基本一致，只是编程的风格和伪指令有所不同。考虑到实际应用情况，只要读懂了 CodeWarrior 编译环境下的例子就可以很容易地将代码移植到 GCC 编译环境下运行。

3.1.3　嵌入式汇编语言的伪操作、伪指令与宏指令

汇编语言的指令已在第 2 章中介绍过了，本章将介绍如何利用编译器提供的伪操作、伪指令和宏指令来编写 ARM 汇编程序。

在 ARM 汇编语言中，伪操作是 ARM 汇编语言程序里的一些特殊指令助记符，其主要是为了完成汇编程序做各种准备工作，在源程序进行汇编时由汇编程序处理，而不是在程序运行期间由 CPU 执行。这些伪操作只在汇编过程中起作用，当汇编结束，伪操作的使命也就随之结束。而伪指令是 ARM 汇编语言程序里的特殊指令助记符，在处理器运行期间不执行，它们在汇编时将被相应的机器指令替换为 ARM 或 Thumb 指令，从而实现指令操作。宏指令是一段独立的程序代码，可插入到源程序中，通过伪操作来定义。宏在被使用之前必须提前定义好。宏之间可以互相调用，也可以自己递归调用。在程序设计中，通过直接书写宏名来使用宏，并根据宏指令的格式设置相应的输入参数。宏定义本身不会产生代码，只是在调用它时把宏体插入源程序中。宏与 C 语言中子函数形参与实参的传递相似，调用宏时通过实际的指令来替换宏体实现相关的一段代码，但宏的调用和子程序的调用有本质的不同，宏并不会节省程序空间，其优点是简化程序代码的编写和提高程序的可读性。

伪操作、宏指令一般与编译程序有关，因此 ARM 汇编语言的伪操作、宏指令在不同的编译环境下有不同的编写形式和规则。在 3.1.2 小节中已经介绍了 GCC 编译器和 CodeWarrior 编译器下的一些汇编伪指令。限于篇幅，以下章节将着重介绍基于 GCC 编译器的 ARM 程序设计。

3.1.4　GCC 编译器下的伪操作与伪指令

ARM GNU 汇编中的伪操作一般都以“.”开头。ARM GNU 汇编中的伪操作可以分为：数据定义伪操作、符号定义伪操作、代码控制伪操作、预定义控制伪操作和其他伪操作。

1. 数据定义伪操作

GCC 编译器的数据定义伪操作用于定义数据对象，包括未初始化的全局数据、已初始化的全局数据、未初始化的局部数据、已初始化的局部数据、常量等。数据定义伪操作主要包括以下指令。

1）.bss：定义未初始化的全局或静态变量。它指定一个名字、一个长度或一个对齐方式，这些变量将被初始化为 0 或 NULL。

2）.data：定义已初始化的全局或静态变量。它指定一个名字、一个长度或一个对齐方式，同时也指定初始化数据。

3）.section：定义一个新的段，可以用来定义其他类型的数据，如字符串常量、符号表等。

4）.byte/.short/.long/.quad：定义字节、短整数、长整数、64 位整数的数据对象。

5）.ascii/.asciz：定义 ASCII 码字符串。

6）.string/.cstring：定义包含 C 语言字符串的数据对象。

7）.align：用来将内存对齐到指定的边界。

这些数据定义伪操作可用于创建各种数据对象，例如全局变量、局部变量、常量、字符串等。

2. 符号定义伪操作

GCC 编译器的符号定义伪操作用于定义变量、常量、标签和函数等符号，并分配相应的存储空间。

1）.equ：用于为一个符号定义一个值，可以将其用作常量、地址或其他值。它与汇编语言中的 EQU 指令类似。

2）.set：用于设置一个符号的值。与 .equ 伪操作不同的是，如果该符号已经定义过，则会将其值替换为新值。

3）.global：用于将符号声明为全局符号，使得其可以在其他模块中被访问。

4）.local：用于将符号声明为局部符号，使得其只能在当前模块中被访问。

5）.type：用于为符号指定类型，例如函数、对象等。

6）.size：用于指定一个符号的大小，单位为字节。

7）.comm：用于为一个全局变量或对象分配存储空间，并指定其对齐方式和初始值。

8）.align：用于将当前地址调整到指定的对齐边界。

9）.skip：用于分配一段指定大小的未初始化空间。

这些符号定义伪操作可以用于在汇编代码中使用符号来表示变量、常量和函数等，并进行地址计算、引用等操作。

3. 代码控制伪操作

在 GCC 编译器中，代码控制伪操作是用来控制汇编程序代码的执行流程的。以下是一些常见的代码控制伪操作及其作用。

1）LABEL：定义标签，使得汇编程序能够跳转到该标签所在的地址处执行代码。

2）JMP：无条件跳转指令，用于使程序跳转到指定地址处执行代码。

3）JCC：条件跳转指令，根据特定条件决定是否跳转到指定地址处执行代码。

4）CALL：调用函数指令，将函数地址入栈并跳转到函数执行地址处执行代码。

5）RET：返回指令，从函数中返回并将结果传递给调用者。

6）NOP：空操作指令，用于填充汇编代码中的空闲位置。

7）ALIGN：对齐伪操作，用于强制将汇编程序中的指令或数据对齐到指定的边界。

8）SECTION：指定代码或数据的存储段，用于将代码或数据分组存储，方便管理。

这些代码控制伪操作可以在汇编程序中控制代码的执行流程，实现复杂的程序逻辑。

4. 预定义控制伪操作

GCC 编译器的预定义控制伪操作主要用于控制预处理器的行为，这些伪操作可以定义宏、包含头文件、控制编译器的优化等。常见的预定义控制伪操作及其作用如下。

1）#define：定义宏。

2）#undef：取消已定义的宏。

3）#include：包含头文件。

4）#if、#else、#elif、#endif：条件编译控制。

5）#pragma：设置编译器的行为。

6）#error：输出错误信息并停止编译。

7）#warning：输出警告信息。

这些预定义控制伪操作可以让使用者在编写代码时更加灵活，根据不同的需求控制编译器的行为。

5. 其他伪操作

1）.align：指定当前位置在内存中的地址按照某个值对齐。

2）.comm：指定一个未定义的公共变量，并分配指定大小的存储空间。

3）.section：用于指定程序的代码或数据存放在哪个段中，常见的段有 .text（代码段）、.data（数据段）和 .bss（未初始化数据段）。

4）.type/.size：用于定义一个符号的类型和大小。

5）.file/.line/.loc：用于指定源代码文件名、行号及代码位置等信息，便于调试程序。

6）.macro/.endm：用于定义和结束宏指令。

7）.ifndef/.endif：用于条件编译，当符号未定义时编译其后面的代码。

8）.include：用于将指定的文件包含进当前文件中。

这些伪操作实现指定程序的代码和数据存储方式、定义符号的类型和大小、提供调试信息、进行条件编译，以及引入其他文件等功能。

3.2 嵌入式 C 语言程序设计

C 语言是一种结构化的程序设计语言，它的优点是运行速度快、编译效率高、移植性好且可读性强。C 语言具有简单的语法结构和强大的处理功能，可方便地实现对系统硬件的直接操作。C 语言支持模块化程序设计结构，支持自顶向下的结构化程序设计方法。因此，用 C 语言编写的应用软件，可以极大地提高软件的可读性，缩短开发周期，便于系统的改进和扩充，这为开发大规模、高性能和高可靠性的应用系统提供了基本保证。

嵌入式 C 语言程序设计是利用基本的 C 语言知识，面向嵌入式工程实际应用进行程序设计。嵌入式 C 语言程序设计首先是 C 语言程序设计，程序必须符合 C 语言基本语法。嵌入式 C 语言程序设计又是面向嵌入式的应用，因此就要利用 C 语言基础知识开发出面向嵌入式的应用程序。如何熟练、正确地运用 C 语言开发出高质量的嵌入式应用程序，是学习嵌入式程序设计的关键。

3.2.1　GNU 下嵌入式 C 语言程序开发

在 C 语言程序中嵌入汇编程序，可以实现一些高级语言没有的功能，提高程序执行效率。ARMCC 编译器的内嵌汇编器支持 ARM 指令集，TCC 编译器的内嵌汇编支持 Thumb 指令集。

内嵌汇编的语法：

```
_asm
  {
    指令 [; 指令 ]

    …
    [ 指令 ]
  }
```

【例 3-10】内嵌汇编程序实例。

```
 _inline   void   enable_IRQ(void)
 {
   int   tmp
   _asm                        // 嵌入汇编代码
   {
       MRS tmp, CPSR       // 读取 CPSR 的值
       BIC tmp,tmp,#0x80   // 将 IRQ 中断禁止位 I 清零，即允许 IRQ 中断
       MSR CPSR_c, tmp     // 设置 CPSR 的值
   }
 }
_inline   void   disable_IRQ(void)
{
int   tmp;
_asm
{
       MRS tmp,CPSR
       ORR tmp,tmp,#0x80 // 将 IRQ 中断禁止位 I 置 1，即禁止 IRQ 中断
       MSR CPSR_c,tmp
}
}
```

例 3-10 GNU 下嵌入式 C 语言程序开发实例——内嵌汇编程序

其中，enable_IRQ() 函数为使能 IRQ 中断，而 disable_IRQ() 函数为关闭 IRQ 中断。

1. 内嵌汇编的指令用法

内嵌汇编指令中作为操作数的寄存器和常量可以是表达式，这些表达式可以是 char、short 或 int 类型，而且这些表达式都是作为无符号数进行操作的。若需要带符号数，用户需要自己处理与符号有关的操作。编译器会计算这些表达式的值，并为其分配寄存器。

在内嵌汇编中使用物理寄存器有以下限制：不能直接向寄存器 PC 赋值；程序跳转

只能使用 B 或 BL 指令实现。使用物理寄存器的指令时，不要使用过于复杂的 C 表达式，因为表达式过于复杂的话，会需要较多的物理寄存器，这些寄存器可能与指令中的物理寄存器有冲突。编译器可能会使用 R12 或 R13 存放编译的中间结果，在计算表达式的值时可能会将寄存器 R0 ~ R3、R12 和 R14 用于子程序调用，因此在内嵌汇编指令中，不要将这些寄存器同时指定为指令中的物理寄存器。通常，内嵌的汇编指令中不要指定物理寄存器，因为这可能会影响编译器分配寄存器，进而影响代码的效率。

在内嵌汇编指令中，常量前面的"#"可以省略。如果包含常量操作数，该指令有可能被内嵌汇编器展开成几条指令。

对于标号，C 语言程序中的标号可以被内嵌的汇编指令使用，但是只有指令 B 可以使用，而指令 BL 则不能使用。

编译时，所有的内存分配均由 C 编译器完成，分配的内存单元通过变量供内嵌汇编器使用，内嵌汇编器不支持内嵌汇编程序中用于内存分配的伪指令。

需要特别注意的是，在内嵌的 SWI 和 BL 指令中，除了正常的操作数域外，还必须增加以下三个可选的寄存器列表。

1）第一个寄存器列表中的寄存器用于存储输入的参数。

2）第二个寄存器列表中的寄存器用于存储返回的结果。

3）第三个寄存器列表中的寄存器的内容可能被调用的子程序破坏，即这些寄存器是供被调用的子程序当作工作寄存器使用的。

2. 内嵌汇编器与 ARMASM 汇编器的差异

内嵌汇编器不支持 PC 获取当前指令地址，不支持"LDR　Rn,=expr"伪指令，而使用"MOV　Rn,expr"指令向寄存器赋值，不支持标号表达式，不支持 ADR 和 ADRL 伪指令，不支持 BX 指令，不能向 PC 赋值。

使用 0x 前缀代替"&"，表示十六进制数。使用 8 位移位常数导致 CPSR 的标志位更新时，N、Z、C 和 V 标志位中的 C 不具有真实意义。

3. 内嵌汇编注意事项

1）必须小心使用物理寄存器，如 R0 ~ R3、IP、LR，以及 CPSR 中的 N、Z、C、V 标志位。因为计算汇编代码中的 C 表达式时，可能会使用这些物理寄存器，并会修改 N、Z、C、V 标志位。程序示例：

```
_asm
  {
    MOV   R0, x
    ADD   y, R0, x/y  // 计算 x/y 时 R0 会被修改
  }
```

在计算 x/y 时 R0 会被修改，从而影响 R0+x/y 的结果，用一个 C 语言程序的变量代替 R0 就可以解决这个问题：

```
_asm
  {
    MOV   var, x
```

```
    ADD y, var, x/y
  }
```

内嵌汇编器探测到隐含的寄存器冲突会报错。

2）不要使用寄存器代替变量。尽管有时寄存器明显对应某个变量，但也不能直接使用寄存器代替变量。程序示例：

```
int   bad_f(int x)                 //x 存放在 R0 中
{
    _asm
    {
        ADD   R0,R0,#1        // 发生寄存器冲突，实际上 x 没有变化
    }
    return(x);
  }
```

尽管根据编译器的编译规则似乎可以确定 R0 对应 x，但这样的代码会使内嵌汇编器认为发生了寄存器冲突。应用其他寄存器代替 R0 存放参数 x，这使得该函数将 x 原封不动地返回。这段代码的正确写法如下。

```
int   bad_f(int x)
{     _asm
      {
        ADD       x,x,#1
      }
      return(x);
}
```

3）使用内嵌式汇编无须保存和恢复寄存器 A。事实上，除了 CPSR 和 SPSR 寄存器外，对物理寄存器先读后写都会引起汇编器编译出错。程序示例：

```
int   f(int x)
  {      _asm
    {
        STMFD SP!,{R0}    // 保存 R0。先读后写，汇编出错
        ADD R0,x,1
        EOR x,R0,x
        LDMFD SP!, {RU}
    }
    return(x);
  }
```

LDM 和 STM 指令的寄存器列表中只允许使用物理寄存器。内嵌汇编可以修改处理器模式、协处理器模式和 FP/SL/SB 等 APCS 寄存器。但是编译器在编译时并不了解这些变化，所以必须保证在执行 C 语言程序前恢复相应被修改的处理器模式。

4）汇编语言中的“,”号作为操作数分隔符号。如果有 C 语言表达式作为操作数，若表达式含有“,”须使用“(”号和“)”号将其归纳为一个汇编操作数。程序示例：

```
_asm
{
ADD x, y,(f0,z)                  // "f0,z" 为一个带有 "," 的 C 语言表达式
}
```

4. 访问全局变量

使用 IMPORT 伪指令引入全局变量，并利用 LDR 和 STR 指令根据全局变量的地址访问它们。对于不同类型的变量，需要采用不同选项的 LDR 和 STR 指令。

```
unsigned   char        LDRB/STRB
unsigned   short       LDRH/STRH
unsigned   int         LDR/STR
char                   LDRSB/STRSB
short                  LDRSH/STRSH
```

对于结构，如果知道各个数据项的偏移量，可以通过存储 / 加载指令访问。如果结构所占空间小于 8 个字，可以使用 LDM 和 STM 一次性读写。

【例 3-11】 采用汇编语言编写函数，实现读取全局变量 glovbvar，将其加 1 后写回。

例 3-11 访问全局变量应用实例——访问 C 程序的全局变量

```
AREA    globlep,CODE,READONLY
EXPORT asmsubroutime
IMPORT glovbvar         ; 声明外部变量 glovbvar
asmsubroutime
LDR R1,=glovbvar        ; 装载变量地址
LDR R0,[R1]             ; 读出数据
ADD R0,R0,#1            ; 加 1 操作
STR R0,[R1]             ; 保存变量值
MOV PC,LR
END
```


3.2.2　C 语言程序与汇编程序的相互调用规则

为了使单独编译的 C 语言程序和汇编程序之间能够互相调用，必须让子程序间的调用遵循一定的规则。ATPCS（ARM/Thumb Procedure Call Standard，ARM/Thumb 过程调用标准）是 ARM 程序和 Thumb 程序中子程序调用的基本规则，它规定了一些子程序间调用的基本规则，如子程序调用过程中寄存器的使用规则、堆栈的使用规则、参数的传递规则等。

下面介绍几种常用 ATPCS 规则。读者若想了解更多的规则，请查看相关的书籍。

1. 基本 ATPCS

基本 ATPCS 规定了在子程序调用时的一些基本规则，包括以下三方面的内容。

1）各寄存器的使用规则及相应的名称。

2）数据栈的使用规则。

3）参数传递规则。

相对于其他类型的 ATPCS，满足基本 ATPCS 的程序的执行速度更快，所占用的内存更少，但是它不能提供以下的支持：ARM 程序和 Thumb 程序互相调用、数据及代码的位置无关、子程序的可重入性和数据栈检查。

而派生的其他几种特定的 ATPCS 就是在基本 ATPCS 的基础上再添加其他的规则而形成的，其目的就是提供上述功能。

2. 寄存器使用规则

寄存器的使用必须满足下面的规则。

子程序间通过寄存器 R0 ~ R3 来传递参数。这时，寄存器 R0 ~ R3 可以记作 A0 ~ A3。被调用的子程序在返回前无须恢复寄存器 R0 ~ R3 的内容。

在子程序中，使用寄存器 R4 ~ R11 来保存局部变量。这时，寄存器 R4 ~ R11 可以记作 V1 ~ V8。如果在子程序中使用了寄存器 V1 ~ V8 中的某些寄存器，子程序进入时必须保存这些寄存器的值，在返回前必须恢复这些寄存器的值。对于子程序中没有用到的寄存器则不必进行这些操作。在 Thumb 程序中，通常只能使用寄存器 R4 ~ R7 来保存局部变量。

寄存器 R12 用作子程序间的 scratch 寄存器，记作 IP。在子程序间的连接代码段中常有这种使用规则。

寄存器 R13 用作数据栈指针，记作 SP。在子程序中，寄存器 R13 不能做其他用途。寄存器 SP 在进入子程序时的值和退出子程序时的值必须相等。

寄存器 R14 称为连接寄存器，记作 LR。它用于保存子程序的返回地址。如果在子程序中保存了返回地址，寄存器 R14 则可以用作其他用途。

寄存器 R15 是程序计数器，记作 PC，它不能用作其他用途。

表 3-2 列出了 ATPCS 中各寄存器的使用规则及其名称。这些名称在 ARM 编译器和汇编器中都是预定义的。

表 3-2 ATPCS 中各寄存器的使用规则及其名称

寄存器	别名	特殊名称	使用规则
R15		PC	程序计数器
R14		LR	连接寄存器
R13		SP	数据栈指针
R12		IP	子程序内部调用的 scratch 寄存器
R11	V8		ARM 状态局部变量寄存器 8
R10	V7	SL	ARM 状态局部变量寄存器 7 在支持数据栈检查的 ATPCS 中为数据栈限制指针
R9	V6	SB	ARM 状态局部变量寄存器 6 在支持 RWPI 的 ATPCS 中为静态基址寄存器
R8	V5		ARM 状态局部变量寄存器 5
R7	V4	WR	局部变量寄存器 4 Thumb 状态工作寄存器
R6	V3		局部变量寄存器 3

（续）

寄存器	别名	特殊名称	使用规则
R5	V2		局部变量寄存器 2
R4	V1		局部变量寄存器 1
R3	A4		参数 / 结果 /scratch 寄存器 4
R2	A3		参数 / 结果 /scratch 寄存器 3
R1	A2		参数 / 结果 /scratch 寄存器 2
R0	A1		参数 / 结果 /scratch 寄存器 1

3. 参数传递规则

根据参数个数是否固定可以将子程序分为参数个数固定的（Nonvariadic）子程序和参数个数可变的（Variadic）子程序，这两种子程序的参数传递规则是不同的。

（1）子程序参数个数可变传递规则

对于参数个数可变的子程序，当参数不超过 4 个时，可以使用寄存器 R0 ～ R3 来传递参数，当参数超过 4 个时，还可以使用数据栈来传递参数。

在参数传递时，将所有参数看作存放在连续的内存字单元中的字数据，依次将各字数据传送到寄存器 R0、R1、R2、R3 中。如果参数多于 4 个，将剩余的字数据传送到数据栈中，入栈的顺序与参数顺序相反，即最后一个字数据先入栈。按照上面的规则，一个浮点数参数可以通过寄存器传递，也可以通过数据栈传递，也可能一半通过寄存器传递，另一半通过数据栈传递。

（2）子程序参数个数固定传递规则

对于参数个数固定的子程序，参数传递与参数个数可变的子程序参数传递规则不同。

如果系统包含浮点运算的硬件部件，浮点参数将按照下面的规则传递。

1）各个浮点参数按顺序处理。

2）为每个浮点参数分配 FP 寄存器。

3）分配的方法是，满足该浮点参数需要的且编号最小的一组连续 FP 寄存器。第一个整数参数通过寄存器 R0 ～ R3 来传递，其他参数通过数据栈传递。

（3）子程序结果返回规则

结果为一个 32 位整数时，可以通过寄存器 R0 返回。

结果为一个 64 位整数时，可以通过寄存器 R0 和 R1 返回。其他情况以此类推。

结果为一个浮点数时，可以通过浮点运算部件的寄存器 f0、d0 或者 s0 返回。

结果为复合型的浮点数（如复数）时，可以通过寄存器 f0 ～ fN 或者 d0 ～ dN 返回。

对于位数更多的结果，则需要通过内存来传递。

有调用关系的所有子程序必须遵守同一种 ATPCS。编译器或者汇编器在 ELF 格式的目标文件中设置相应的属性，标识用户选定的 ATPCS 类型。对应于不同类型的 ATPCS 规则，有相应的 C 语言库，连接器根据用户指定的 ATPCS 类型连接相应的 C 语言库。使用 ADS 的 C 语言编译器编译的 C 语言子程序满足用户指定的 ATPCS 类型，而对于汇编语言程序来说，完全要依赖用户来保证各子程序满足选定的 ATPCS 类型。具体来说，汇编语言子程序必须满足以下三个条件：在子程序编写时必须遵守相应的 ATPCS 规则；数据栈的使用要遵守相应的 ATPCS 规则；在汇编编译器中使用-apcs 选项。

程序设计中在需要 C 语言与汇编语言混合编程时，若汇编代码较简洁，则可使用直接内嵌汇编的方法混合编程，否则，可以将汇编文件以文件的形式加入项目中，通过 ATPCS 规定与 C 语言程序互相调用及访问。

3.2.3　嵌入式 C 语言程序设计实例

嵌入式 C 语言程序设计主要涉及系统调用、线程编程和网络编程。

1. 系统调用

系统调用是操作系统提供给用户空间应用程序访问内核的接口。在 Linux 中，系统调用通常使用 C 语言编写，并由 unistd.h 头文件提供。一个常见的例子是使用系统调用打开和读取文件，例如使用 open() 系统调用打开文件，使用 read() 系统调用读取文件内容。

【例 3-12】打开并读取文件中的内容。

例 3-12 嵌入式 C 语言程序设计实例 1——系统调用

```
#include <unistd.h>
#include <fcntl.h>
#include <stdio.h>

int main() {
    char buffer[1024];
    int fd = open("file.txt", O_RDONLY);
    if (fd == -1) {
        printf("Error opening file.\n");
        return -1;
    }
    ssize_t bytesRead = read(fd, buffer, sizeof(buffer));
    if (bytesRead == -1) {
        printf("Error reading file.\n");
        return -1;
    }
    printf("File contents: %s\n", buffer);
    close(fd);
    return 0;
}
```

2. 线程编程

Linux 提供多线程编程支持。可以使用 pthread 库提供的函数来创建和管理线程。

【例 3-13】创建两个线程，分别打印数字 1 ～ 5。

```
#include <stdio.h>
#include <pthread.h>

void* printNumbers(void* arg) {
```

```
        int* num = (int*) arg;
        for (int i = 1; i <= 5; i++) {
            printf("%d ", i + *num);
        }
        printf("\n");
        return NULL;
    }

    int main() {
        pthread_t thread1, thread2;
        int num1 = 0, num2 = 5;
        pthread_create(&thread1, NULL, &printNumbers, (void*) &num1);
        pthread_create(&thread2, NULL, &printNumbers, (void*) &num2);
        pthread_join(thread1, NULL);
        pthread_join(thread2, NULL);
        return 0;
    }
```

例 3-13　嵌入式 C 语言程序设计实例 2——线程编程

上述程序会创建两个线程，并在每个线程中调用 printNumbers 函数。每个线程会打印一行数字，1 ～ 5，每个数字加上相应的参数 num1 或 num2 的值。

由于线程的执行是异步的，所以输出结果可能会有所不同。以下是可能的输出结果之一：


```
1 2 3 4 5
6 7 8 9 10
```

这是因为第一个线程使用 num1 的值 0，所以打印的数字是 1 ～ 5，而第二个线程使用 num2 的值 5，所以打印的数字是 6 ～ 10。

由于线程的执行是并发的，输出结果的具体顺序可能会有所不同，因此可能会观察到不同的输出顺序或交错的结果。

3. 网络编程

Linux 提供了丰富的网络编程接口，可以使用 C 语言编写网络应用程序。

【例 3-14】创建一个 TCP 服务器，监听来自客户端的连接请求并回复消息。

```
#include <stdio.h>
#include <stdlib.h>
#include <string.h>
#include <unistd.h>
#include <sys/types.h>
#include <sys/socket.h>
#include <netinet/in.h>

#define PORT 8080

int main() {
```

例 3-14　嵌入式 C 语言程序设计实例 3——网络编程

```
    int server_fd, new_socket;
    struct sockaddr_in address;
    int addrlen = sizeof(address);
    char* message = "Hello from server!";

    if ((server_fd = socket(AF_INET, SOCK_STREAM, 0)) == 0) {
        perror("Socket failed.");
        exit(EXIT_FAILURE);
    }

    address.sin_family = AF_INET;
    address.sin_addr.s_addr = INADDR_ANY;
    address.sin_port = htons(PORT);

    if (bind(server_fd, (struct sockaddr*) &address, addrlen) < 0) {
        perror("Bind failed.");
        exit(EXIT_FAILURE);
    }

    if (listen(server_fd,3) < 0)
    {
        perror("Listen failed.");
        exit(EXIT_FAILURE);
    }
}
```


在这段代码中，服务器会创建一个套接字，绑定到指定的地址和端口号，并开始监听连接请求。但是，由于缺少后续的连接处理代码，服务器无法接受客户端的连接，也无法与客户端进行通信。

要获取完整的服务器程序的输出结果，需要补充处理连接请求、接受连接及数据交换的代码。这样才能使服务器能够与客户端建立连接，并在建立连接后进行相应的数据交换操作。关于网络编程的内容将在第 6 章详细展开。

3.3　基于 Cortex-A53 的嵌入式程序开发

当涉及嵌入式 Linux 系统时，开发人员通常需要编写一些底层程序来管理处理器和与处理器进行通信的设备。本节详细介绍处理器的启动及工作模式切换程序开发、I/O 控制程序开发和串行通信程序开发。

3.3.1　处理器的启动及工作模式切换程序开发

在嵌入式 Linux 系统中，启动程序（也称为引导程序）的作用是将处理器从初始状态转换为工作状态，从而使操作系统可以开始运行。启动程序通常位于存储设备的引导扇区，是系统引导过程中的第一个可执行程序。通常情况下，启动程序会首先初始化硬件和内存，然后加载内核映象并将控制权交给内核。

开发启动程序需要了解处理器的启动过程和硬件架构。通常，处理器的启动过程分为以下几个步骤。

1）处理器复位。

2）处理器初始化。

3）硬件初始化。

4）加载启动程序。

5）将控制权交给启动程序。

【例 3-15】开发一个基于 Linux 的驱动程序来控制处理器的工作模式。

例 3-15　处理器的启动及工作模式切换程序开发实例


```
#include <linux/init.h>
#include <linux/module.h>
#include <linux/kernel.h>
#include <linux/device.h>
#include <linux/fs.h>
#include <asm/uaccess.h>
#include <linux/cdev.h>
#include <linux/slab.h>
#include <linux/gpio.h>
#include <linux/io.h>
#include <linux/delay.h>

MODULE_LICENSE("GPL");
MODULE_AUTHOR("Your Name");
MODULE_DESCRIPTION("Processor Driver");

#define DEVICE_NAME "processor"
#define CLASS_NAME "processor_class"

static dev_t dev;
static struct class* processor_class = NULL;
static struct device* processor_device = NULL;
static struct cdev processor_cdev;

static int processor_open(struct inode *inode, struct file *filp);
static int processor_release(struct inode *inode, struct file *filp);
static ssize_t processor_read(struct file *filp, char *buf, size_t count, loff_t *f_pos);
static ssize_t processor_write(struct file *filp, const char *buf, size_t count, loff_t *f_pos);

static int processor_open(struct inode *inode, struct file *filp) {
    printk(KERN_INFO "Processor Driver: Device opened.\n");
    return 0;
}
```

```
static int processor_release(struct inode *inode, struct file *filp) {
    printk(KERN_INFO "Processor Driver: Device closed.\n");
    return 0;
}

static ssize_t processor_read(struct file *filp, char *buf, size_t count, loff_t *f_pos) {
    printk(KERN_INFO "Processor Driver: Read request received.\n");
    return 0;
}

static ssize_t processor_write(struct file *filp, const char *buf, size_t count, loff_t *f_pos) {
    printk(KERN_INFO "Processor Driver: Write request received.\n");
    return 0;
}

static struct file_operations fops = {
    .owner = THIS_MODULE,
    .open = processor_open,
    .release = processor_release,
    .read = processor_read,
    .write = processor_write,
};

static int __init processor_init(void) {
    int ret = 0;
    printk(KERN_INFO "Processor Driver: Initializing.\n");

    if ((ret = alloc_chrdev_region(&dev, 0, 1, DEVICE_NAME)) < 0) {
        printk(KERN_ALERT "Processor Driver: Failed to allocate device number.\n");
        return ret;
    }

    if ((processor_class = class_create(THIS_MODULE, CLASS_NAME)) == NULL) {
        printk(KERN_ALERT "Processor Driver: Failed to create class.\n");
        unregister_chrdev_region(dev, 1);
        return -1;
    }

    if ((processor_device = device_create(processor_class, NULL, dev, NULL, DEVICE_NAME)) ==
    NULL) {
        printk(KERN_ALERT "Processor Driver: Failed to create device.\n");
        class_destroy(processor_class);
        unregister_chrdev_region(dev, 1);
        return -1;
    }
```

```
        cdev_init(&processor_cdev, &fops);
        if ((ret = cdev_add(&processor_cdev, dev, 1)) < 0) {
            printk(KERN_ALERT "Processor Driver: Failed to add character device.\n");
        }
    device_destroy(processor_class, dev);
    class_unregister(processor_class);
    class_destroy(processor_class);
    unregister_chrdev_region(dev, 1);
    return ret;
```

处理器的工作模式切换程序开发是为了实现处理器在不同模式之间的切换。例如，在ARM 体系结构中，处理器可以在用户模式和特权模式之间切换。在用户模式下，处理器无法访问一些特权指令和硬件资源，而在特权模式下，处理器可以访问这些资源。因此，开发人员需要编写相应的程序来实现处理器在不同模式之间的切换。

3.3.2 处理器的 I/O 控制程序开发

I/O 控制程序是管理处理器与外部设备之间通信的程序。在嵌入式 Linux 系统中，这些设备通常通过总线连接到处理器，例如 PCI 总线或 USB 总线。I/O 控制程序负责管理设备驱动程序、中断处理程序、设备注册和设备控制等任务。

开发 I/O 控制程序需要了解嵌入式 Linux 系统中的设备驱动程序框架，以及与硬件设备通信的底层机制，例如中断处理和内存映射 I/O 等。在 Linux 中，设备驱动程序通常是通过字符设备、块设备或网络设备接口来实现的。因此，开发人员需要了解相应的设备驱动程序接口，并编写相应的驱动程序。Linux 的处理器 I/O 控制程序开发涉及访问和控制处理器 I/O 端口或寄存器，可以使用内核提供的一些函数来实现。以下是一些常用的函数和相关的代码示例。

1. ioremap() 函数

ioremap() 函数用于将物理地址映射到内核地址空间。可以使用该函数将 I/O 端口或寄存器的物理地址映射到内核地址空间。

```
#include <linux/io.h>
/* map physical address to virtual address */
void *ioremap(unsigned long phys_addr, size_t size);
```

2. iounmap() 函数

iounmap() 函数用于解除 I/O 端口或寄存器的内核地址空间映射。

```
#include <linux/io.h>
/* unmap virtual address */
void iounmap(void *addr);
```

3. inb()、outb()、inw()、outw()、inl()、outl() 函数

inb()、outb()、inw()、outw()、inl() 和 outl() 函数用于从或向 I/O 端口或寄存器中读

写数据。其中，inb() 和 outb() 函数用于读写 1 字节数据，inw() 和 outw() 函数用于读写 2 字节数据，inl() 和 outl() 函数用于读写 4 字节数据。

```
#include <asm/io.h>

/* read 1 byte from I/O port */
unsigned char inb(unsigned short port);

/* write 1 byte to I/O port */
void outb(unsigned char value, unsigned short port);

/* read 2 bytes from I/O port */
unsigned short inw(unsigned short port);

/* write 2 bytes to I/O port */
void outw(unsigned short value, unsigned short port);

/* read 4 bytes from I/O port */
unsigned int inl(unsigned short port);

/* write 4 bytes to I/O port */
void outl(unsigned int value, unsigned short port);
```

【例 3-16】使用上述函数访问 I/O 端口。

例 3-16　处理器的 I/O 控制程序开发实例

```
#include <linux/module.h>
#include <linux/io.h>

/* define I/O port address */
#define PORT_ADDR 0x3f8

static int __init my_init(void)
{
    unsigned char data;

    /* map I/O port address to virtual address */
    void __iomem *port = ioremap(PORT_ADDR, 1);

    if (!port) {
        printk(KERN_ALERT "Failed to remap I/O port.\n");
        return -ENODEV;
    }

    /* read data from I/O port */
    data = inb((unsigned long) port);

    printk(KERN_INFO "Data read from I/O port: %d\n", data);
```

```
    /* write data to I/O port */
    outb(0x55, (unsigned long) port);

    /* unmap I/O port address from virtual address */
    iounmap(port);

    return 0;
}

static void __exit my_exit(void)
{
    printk(KERN_INFO "Exiting.\n");
}
module_init(my_init);
module_exit(my_exit);
MODULE_LICENSE("GPL");
```

3.3.3 处理器的串行通信程序开发

在 Linux 中，串行通信通常是通过串口进行的。对于串口通信的程序开发，可以使用 Linux 提供的 termios 库。该库提供了对串口通信进行设置和控制的函数，包括打开串口、设置波特率、设置数据位、设置停止位、设置奇偶校验等。

【例 3-17】打开串口，发送字符串。

例 3-17 处理器的串行通信程序开发实例

```
#include <stdio.h>
#include <stdlib.h>
#include <unistd.h>
#include <fcntl.h>
#include <termios.h>
#include <math.h>
int main() {
    int fd;
    struct termios tty;

    fd = open("/dev/ttyS0", O_RDWR | O_NOCTTY);
    if (fd < 0) {
        perror("Failed to open serial port");
        exit(EXIT_FAILURE);
    }

    tcgetattr(fd, &tty);
    cfsetospeed(&tty, B9600);
    cfsetispeed(&tty, B9600);
    tty.c_cflag &= ～ CSIZE;
```

```
    tty.c_cflag |= CS8;
    tty.c_cflag &= ~ PARENB;
    tty.c_cflag &= ~ CSTOPB;
    tcsetattr(fd, TCSANOW, &tty);

    char *msg = "Hello, serial port!";
    write(fd, msg, strlen(msg));

    close(fd);
    return 0;
}
```

习题

3-1　在 ARM 汇编语言程序设计中，语句一般是由指令、伪操作、宏指令和伪指令组成的。什么是伪操作、宏指令和伪指令？它们与指令有什么不同？各有什么特点？

3-2　解释嵌入式系统中的编译模式，说明交叉编译和本地编译的区别。

3-3　编写一个使用 GCC 编译器的嵌入式汇编程序，使用伪指令设置寄存器的初始值。

3-4　简述如何使用 termios 库进行串口通信。

第 4 章　面向 Cortex-A53 的嵌入式 Linux 开发基础

4.1　嵌入式 Linux 内核

4.1.1　Linux 内核结构

Linux 内核主要由以下五个子系统组成。

1）进程调度（SCHED）：控制进程的创建、执行和终止，以及 CPU 时间的分配和调度。

2）内存管理（MM）：管理系统的内存，包括物理内存和虚拟内存的分配、映射、释放等操作。

3）虚拟文件系统（VFS）：提供文件系统的抽象层，允许不同的文件系统通过统一的接口进行访问和操作。

4）网络接口（NET）：提供网络通信支持，包括网络协议栈、网络驱动程序等。

5）进程间通信（IPC）：允许不同进程之间进行通信和共享资源，包括信号、管道、共享内存等机制。

各个子系统之间的依赖关系如图 4-1 所示，连线代表它们之间的依赖关系。

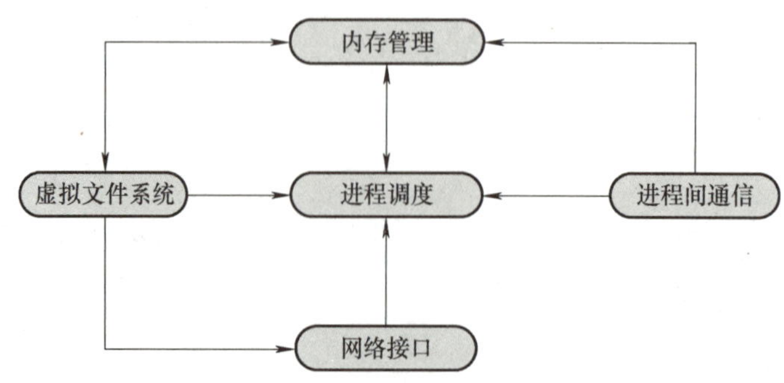

图 4-1　Linux 内核系统模块及关系

除了这些依赖关系外，内核中的所有子系统还要依赖于一些共同的资源。这些资源包括所有子系统都用到的例程。例如，分配和释放内存空间的例程、输出警告或者错误信息的例程等。从单内核模型的角度可以把内核结构描述成图 4-2 所示的结构。

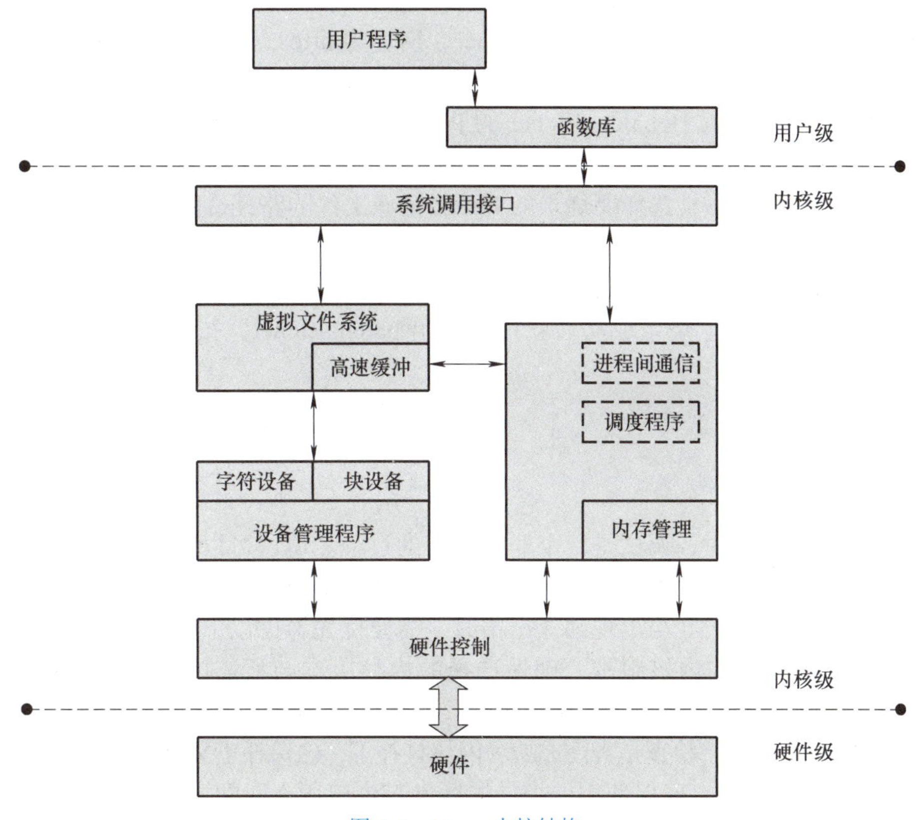

图 4-2　Linux 内核结构

4.1.2　下载内核

在相应的硬件资源准备好后，需要从官方网站或开源社区下载内核，选择下载适合目标板的版本，下载完成后将内核源代码解压缩并存储在开发环境中。Ubuntu 镜像和 Debian 镜像一般统称为 Linux 镜像（它们使用的都是 Linux 内核），所以当在本书中看到 Linux 镜像或者 Linux 系统时，指的就是 Ubuntu 或者 Debian 这样的镜像或者系统。Linux 内核下载过程如下。

1）从 http://www.orangepi.cn/html/hardWare/computerAndMicrocontrollers/service-and-support/Orange-Pi-3-LTS.html 上下载包含 Linux 内核的系统，如 Ubuntu 或 Debian，至个人计算机（PC）工作目录后进行解压缩。

2）将 Linux 内核烧写到 TF 卡。这需要借助 Linux 镜像的烧录软件 balenaEtcher。使用 balenaEtcher 烧录内核主要分为以下几步。

① 准备一张 8GB 或更大容量的 TF 卡，TF 卡的传输速度必须为 class10 级或 class10 级以上。

② 使用读卡器把 TF 卡插入计算机，从目标板官方网站的资料下载页面下载要烧录的

Linux 操作系统镜像文件压缩包。

③ 使用解压缩软件解压缩。解压缩后的文件中，以 .img 结尾的文件就是操作系统的镜像文件，大小一般都在 1GB 以上。

④ 下载 Linux 镜像烧录软件 balenaEtcher，网址为 https://www.balena.io/etcher/。

⑤ 进入 balenaEtcher 下载页面，单击绿色的下载按钮即可下载 balenaEtcher 安装包。也可以通过下拉列表框选择 balenaEtcher 的 Portable 版本，Portable 版本无须安装，双击打开就可以使用。

⑥ 打开 balenaEtcher，选择要烧录的 Linux 镜像文件的路径，然后选择 TF 卡的盘符，最后单击 Flash 按钮开始烧录 Linux 镜像到 TF 卡中。

⑦ Linux 镜像烧录完后，balenaEtcher 默认还会对烧录到 TF 卡中的镜像进行校验，确保烧录过程没有问题。烧录成功后就可以退出 balenaEtcher，拔出 TF 卡插入开发板的 TF 卡槽中即可使用。

至此，Linux 内核下载完成。

4.1.3 Linux 内核调试

在开发嵌入式系统时，调试是一个非常重要的过程。调试可以帮助开发者发现和解决问题，确保系统的稳定性和可靠性。内核移植过程往往会出现各种问题，而内核移植出错包括编译出错和运行出错。当出现编译出错时，需要优先考虑以下几个因素。

1）是否选择正确的内核版本。确保选择的内核版本与所需的硬件设备和系统环境兼容。

2）是否成功打补丁。检查是否已成功为内核打补丁，确保补丁文件与内核版本相匹配。

3）检查编译器版本。确保使用的编译器版本与内核版本匹配。

4）是否配置正确的交叉编译环境。确保交叉编译环境已正确设置和配置。

排除以上问题后，往往问题大部分已经得到解决，接下来可以考虑内核配置选项的关联处理。在配置内核时，各项之间可能存在某些关联，可以通过启用或禁用某些选项，然后重新编译内核来确定问题所在。再有就是注意移植或编写的驱动模块可能存在问题，可以尝试去掉选中的特定驱动模块，然后重新测试，以确定可能的问题对象所在。

以上就是处理内核编译出错的常用方法。内核运行出错往往可以通过输出的出错信息了解问题所在，内核通过 printk() 语句输出内核的启动和运行信息。printk() 函数是 Linux 内核中用于输出信息的函数，可以将信息输出到控制台、串口等设备上，以便于调试和诊断问题。也可以在合适的地方自行添加 printk() 函数，从而通过串口信息判断问题所在。printk() 是最常用和经济有效的方法。

4.1.4 编译 Linux 内核

内核编译之前需要先下载交叉编译工具链。编译 Linux 内核源码使用的交叉编译工具链根据 Linux 版本的不同，大致可以分为：

Linux 4.9：gcc-arm-9.2-2019.12-x86_64-aarch64-none-linux-gnu。

Linux 5.10：gcc-arm-9.2-2019.12-x86_64-aarch64-none-linux-gnu。

具体的交叉编译工具链版本还需要根据 Linux 系统版本进行下载。

下载完交叉编译工具，启动编译脚本 build.sh 并添加 sudo 权限，选择 Kernel package，接着选择目标板的型号，这时会出现两个分支：一个是 current mainline，其会编译 Linux 5.10；另一个是 legacy old stable，它主要编译 Linux 4.9。根据 Linux 版本选择相应的分支后会弹出通过 make menuconfig 打开的内核配置界面，此时可以直接修改内核的配置，如果不需要修改内核配置，直接退出即可，退出后会开始编译内核源码。以 legacy 分支为例，编译内核源码时部分提示信息的含义如下。

1）Compiling legacy kernel [4.9.118]：Linux 内核源码的版本。

2）Compiler version [aarch64-none-linux-gnu-gcc 9.2.1]：使用的交叉编译工具链的版本。

3）Using kernel config file [config/kernel/linux-sun50iw6-legacy.config]：内核默认使用的配置文件及其存放路径。

4）Exporting new kernel config [output/config/linux-sun50iw6-legacy.config]：如果设置了 KERNEL_CONFIGURE=yes，内核最终使用的配置文件 .config 会复制到 output/config 中。如果没有对内核配置进行修改，最终的配置文件和默认的配置文件是一致的。

5）Target directory [output/debs/]：编译生成的内核相关的 deb 包的路径。

6）File name [linux-image-legacy-sun50iw6_2.1.8_arm64.deb]：编译生成的内核镜像 deb 包的包名。

7）Runtime [5 min]：编译使用的时间。

最后，会显示重复编译上一次选择的内核的编译命令，使用下面的命令无须通过图形界面选择，可以直接开始编译内核源码。

```
Repeat Build Options [ sudo ./build.sh BOARD=orangepi3-lts
BRANCH=legacy BUILD_OPT=kernel KERNEL_CONFIGURE=yes ]
```

编译系统编译 Linux 内核源码时首先会将 Linux 内核源码和 GitHub 服务器的 Linux 内核源码进行同步，因此如果想修改 Linux 内核的源码，首先需要关闭源码的更新功能（需要完整编译过一次 Linux 内核源码后才能关闭这个功能，否则会提示找不到 Linux 内核源码），否则所做的修改都会被还原。

4.2　嵌入式 Linux 文件系统基础

在普通计算机上，外部存储介质一般都是采用 IDE 硬盘等外存设备。而在嵌入式系统中，特殊的应用目的对存储设备提出了特殊的要求，如体积、功耗等。Flash 存储器由于其安全性高、存储密度大、体积小、价格相对低廉，成为嵌入式系统中较受欢迎的一类存储器。

大部分的嵌入式系统都是把文件系统建立在 Flash 之上的，由于 Flash 操作的特殊性，Flash 上的文件系统和普通磁盘上的文件系统有很大的差别，因此这样建立的文件有其独特之处。下面就来介绍嵌入式系统下的文件系统的特点、常见的集中嵌入式文件系统及建立这些文件系统的方法。

Flash 存储器是一种非易失性内存，具有速度快、成本低、密度大的特点，被广泛应用于嵌入式系统。与磁性介质的存储器，如硬盘等相比，对 Flash 的操作存在一些特殊性：

1）不能对单个字节进行擦除，最小的擦写单位是块（Block），有时也称为一个扇区（Sector）。典型的一个 Block 的大小是 64KB。不同的 Flash 这个值会有不同，具体请参考 Flash 芯片的规范。

2）写操作只能对一个原来是空的（也就是说该地址的内容是 0xFF）位置操作，如果该位置非空，写操作不起作用。也就是说，如果要改写一个原来已经有内容的空间，只能读出该扇区的内容到内存，在内存中改写，然后写回整个扇区。

这些特点都是由嵌入式文件系统的存储介质所决定的。

4.2.1　Flash 存储器

Flash 存储器主要有 NOR 和 NAND 两种类型，见表 4-1。

表 4-1　NOR 和 NAND 两种类型 Flash 的对比

类型	NOR Flash	NAND Flash
接口时序	同 SRAM，易使用	地址 / 数据线复用，数据位较窄
读取速度	较快	较慢
擦除速度	慢，以 64 ～ 128KB 的块为单位	快，以 8 ～ 32KB 的块为单位
写入速度	慢	快
存储用途	随机存取速度较快，支持 XIP，适用于代码存储。在嵌入式系统中，常用于存放引导程序、根文件系统等	顺序读取速度较快，随机存取速度慢，适用于数据存储。在嵌入式系统中，常用于存放用户文件系统等
单片容量	较小，1 ～ 32MB	较大，16 ～ 512MB，提高了单元密度
最大擦写次数	10 万次	100 万～ 1000 万次

总的说来，NOR 型比较适合存储程序代码，NAND 型则可用作大容量数据存储。

在进行嵌入式开发时，除了需要用 Flash 存储文件系统和数据，在启动时，固件还会将引导程序和操作系统内核从 Flash 存储器加载到 RAM 中，以便在运行时访问和执行。文件系统中的文件和目录也会被加载到 RAM 中，以便更快地访问和处理。

4.2.2　RAM

RAM（随机访问存储器）用于存储操作系统和应用程序运行时需要的数据和代码。在文件系统中，RAM 扮演着缓存和交换空间的角色，它可以缓存磁盘上的数据，加速访问速度，同时也可以作为交换空间，暂时存储不常用的数据，以便释放磁盘空间。因此，RAM 对文件系统的性能和稳定性有着重要的影响。RAM 可以进一步分为静态 RAM（SRAM）和动态 RAM（DRAM）两大类。

1. SRAM（Static Random Access Memory）

静态随机存储器中的“静态”说的就是只要 SRAM 上电，那么 SRAM 里面的数据就会一直保存着，直到 SRAM 掉电。SRAM 不需要时钟线 CLK、CKE。除此之外，SRAM

相对于 DRAM 还有以下特点。

1）SRAM 不需要刷新电路即能保存它内部存储的数据，而 DRAM 每隔一段时间就要刷新充电一次，否则内部的数据就会消失。因此，SRAM 具有较高的性能，功耗较小。

2）SRAM 主要用于二级高速缓存（Level2 Cache）。它利用晶体管来存储数据，与 DRAM 相比，SRAM 的速度快，但在相同面积中 SRAM 的容量要比其他类型的内存小。

SRAM 的缺点：集成度较低，相同容量的 DRAM 内存可以设计为较小的体积，但是 SRAM 却需要很大的体积，同样面积的硅片可以做出更大容量的 DRAM，因此 SRAM 成本更高。

2. DRAM（Dynamic Random Access Memory）

动态随机存储器中所谓的“动态”，指的是当数据写入 DRAM 后，经过一段时间，数据会丢失，因此需要额外设电路进行内存刷新操作。

DRAM 目前已经发展到了第四代，分别为：SDRAM、DDR SDRAM、DDR2 SDRAM、DDR3 SDRAM、DDR4 SDRAM。SDRAM 是有一个同步接口的 DRAM，DDR 则是 SDRAM 的升级版本，DDR 的全称是 Double Data Rate SDRAM，也就是双倍速率 SDRAM，数据传输速率比 SDRAM 高一倍，即 DDR 在一个时钟读写两次数据，也就是说，在上升沿和下降沿各传输一次数据，这个概念叫作预取（Prefetch）。而在描述 DDR 速度时一般都使用 MT/s，描述的是单位时间内的传输速率，也就是每秒多少兆次数据传输。如果 SRAM 的传输速率为 133 ～ 200Mbit/s，DDR 的传输速率就变为 266 ～ 400MT/s，即型号 DDR266、DDR400 的由来。

DDR2 在 DDR 的基础上进一步增加预取，增加到了 4 位，相当于比 DDR 多读取一倍的数据，因此 DDR2 的数据传输速率为 533 ～ 800MT/s，即型号 DDR2 533、DDR2 800 的由来。DDR3 在 DDR2 的基础上将预取提高到 8 位，因此又获得了比 DDR2 高一倍的传输速率。

4.2.3　文件系统

Linux 文件系统是操作系统中负责管理持久数据的子系统，实际上，就是将用户的文件存放在磁盘中，即使计算机断电了，磁盘里的数据也不会丢失，实现文件系统持久化地保存文件。在 Linux 系统中，每个设备都会挂载到文件系统的某个目录下，用户可以通过文件系统访问设备中的文件和数据。

在 Linux 中，一切皆文件，不仅普通的文件和目录，甚至块设备、管道、socket 等都是由文件系统管理的。Linux 中的文件系统会给每个文件分配两个数据结构：索引节点和目录项。它们都主要是被用来记录文件的元信息和目录层次结构的。

索引节点（Inode），用来记录文件的元信息，比如 inode 编号、文件大小、访问权限、创建时间、修改时间、数据在磁盘的位置等。索引节点是文件的唯一标识，它们之间一一对应，都被存储在硬盘当中，索引节点也是会占用磁盘的存储空间的。

目录项（Dentry），用来记录文件的名字、索引节点指针，以及与其他目录项的层级关联关系。多个目录项关联起来，就会形成目录结构。它与索引节点不相同的是，目录项是由内核维护的一个数据结构，不是存放在磁盘中的，而是缓存在内存里面的。目录项包括文件名和 inode 编号。

inode 映射表（Inode Bitmap）是一种位图，用于记录每个 inode 的使用情况。

目录项中，目录也是文件，也是用索引节点唯一标识的，和普通文件不同的是，普通文件在磁盘里面保存着的是文件数据，而目录文件在磁盘里面保存子目录或者文件。

Linux 文件系统有多种类型，包括 EXT4、F2FS、BTRFS、FAT32、NFS 等。

1. EXT4

EXT4（Extended File System 4）是 Linux 操作系统中的一种文件系统，是 EXT 系列的最新版本，也是 Linux 系统中较常用的文件系统之一。它是一种日志式文件系统，具有高性能、高可靠性、扩展性和灵活性等特性。

EXT4 具有如下特性。

- 支持文件和目录的访问权限控制，保证系统的安全性。
- 支持文件名编码，可以处理不同语言的文件名，提高国际化支持能力。
- 支持大文件和大文件系统，文件的大小最大为 1EB（1EB=1024PB）。
- 支持延迟分配（Delay Allocation）技术，提高了文件系统的性能。
- 支持多块分配（Multi-Block Allocation）技术，提高了文件系统的扩展性。
- 支持日志（Journaling）技术，可以快速地进行文件系统恢复。
- 支持在线碎片整理（Online Defragmentation）技术，提高了文件系统的性能。
- 支持透明压缩（Transparent Compression）技术，可以压缩文件系统中的文件，减少存储空间。

EXT4 主要由三个部分组成：超级块、索引节点和数据块。超级块是文件系统的元数据之一，记录了文件系统的基本信息和参数，例如文件系统大小、块大小、索引节点数量等。索引节点用于记录文件或目录的元数据，例如文件大小、访问权限、创建时间等。数据块则是文件或目录的实际数据所在位置。

EXT4 支持大文件和大文件系统、多块分配、日志和透明压缩等特性，使其成为 Linux 系统中的首选文件系统。

2. F2FS

F2FS（Flash-Friendly File System）是由三星公司开发的，旨在为 Flash 存储器提供更好的性能、可靠性和寿命。F2FS 在 Linux 内核中被广泛应用，支持多种闪存存储器设备，如 eMMC、SD 卡和 SSD 等。

F2FS 采用基于树状结构的 B+ 树来组织文件数据和元数据。与传统文件系统不同的是，F2FS 将数据和元数据分别存储在不同的树中，这样可以避免频繁的寻道操作，提高了文件系统的性能和寿命。

F2FS 具有以下特点。

- 采用了写入放大控制技术，可以减少闪存芯片的擦除操作，延长闪存的寿命。
- 支持 TRIM 命令，可以通过将未使用的闪存块标记为可用状态，提高文件系统的性能。
- 支持高并发读写，可以提高多任务处理能力。
- 支持多种压缩算法，如 LZ4、Zlib 和 LZO 等，可以提高存储效率。

- 支持 AES-256 位数据加密，可以提高数据的安全性。

F2FS 在闪存存储器设备上的性能表现非常优秀，能够提供更高的读取和写入速度。与其他闪存存储器文件系统相比，F2FS 在处理大文件时的性能表现尤为出色。同时，F2FS 的写入放大控制技术可以减少闪存芯片的擦除操作，延长了闪存的使用寿命。

3. BTRFS

BTRFS（B-Tree File System）是由 Oracle 公司开发的，旨在为 Linux 系统提供高级的数据管理和数据保护功能，同时还具有高扩展性和高性能等特点。BTRFS 是一个先进的复制文件系统，具有许多独特的功能，如快照、数据压缩和 RAID 等。

BTRFS 采用了 B-Tree 作为其文件系统结构。B-Tree 是一种自平衡树，可以保证在平均情况下每个节点都具有相同数量的子节点，从而可以提高数据的访问效率。BTRFS 文件系统使用 B-Tree 来管理文件数据和元数据，可以快速定位和访问文件数据和元数据。

BTRFS 文件系统主要具有以下特点。

- 支持快照功能，可以创建文件系统状态的快照，以便在系统崩溃或数据损坏时恢复数据。
- 支持多种 RAID 级别，如 RAID0、RAID1、RAID5 和 RAID6 等，可以提高数据的安全性和可靠性。
- 支持数据压缩功能，可以减少磁盘空间的使用量，提高存储效率。
- 采用写时复制技术，可以避免数据的多次复制和传输，提高数据的访问速度和文件系统的性能。
- 支持多设备管理，可以通过将多个磁盘合并为一个逻辑卷来提高数据的存储能力和可靠性。
- 支持数据检验功能，可以检测和修复文件系统中的错误和数据损坏。

BTRFS 在处理大文件和大数据量时具有出色的性能表现。BTRFS 采用了写时复制技术，可以避免数据的多次复制和传输，从而提高数据的访问速度和文件系统的性能。与其他文件系统相比，BTRFS 具有更高的存储效率和更快的数据访问速度。

4. FAT32

FAT32（File Allocation Table 32）是 FAT16 的后继版本，通常用于 Windows 系统和移动存储设备中，如 USB 闪存驱动器和 SD 卡等。FAT32 具有许多优点，如可移植性、易于维护和兼容性等。

FAT32 使用 FAT（File Allocation Table）来管理文件数据和元数据。FAT 是一个存储了文件系统上所有文件和目录的地址列表。在 FAT32 中，每个文件和目录都有一个唯一的文件名和目录路径，这些信息保存在文件系统的目录结构中。FAT32 还具有簇的概念，簇是文件系统中最小的存储单位，大小通常为 4KB。

FAT32 主要具有以下特点。

- 可移植性：FAT32 可以在多个操作系统之间进行移植，因为它是一个通用的文件系统格式。
- 兼容性：FAT32 可以与许多设备兼容，如 Windows、macOS 和 Linux 系统等。

- 简单易用：FAT32 是一种简单易用的文件系统，具有易于维护和操作的特点。
- 大容量支持：FAT32 支持大容量存储设备，最大支持 2TB 磁盘。
- 数据恢复：FAT32 支持数据恢复，可以通过恢复损坏的 FAT 来恢复文件系统中的数据。

5. NFS

NFS（Network File System）是一种分布式文件系统，它允许网络上的计算机之间共享文件和目录，是一种很常用的文件系统，特别是在 Linux 和 UNIX 系统中。NFS 采用客户端 / 服务器模型，其中客户端计算机可以通过网络连接到 NFS 服务器并访问其中存储的文件和目录。

NFS 的结构基于服务器 / 客户端架构。NFS 服务器负责维护文件和目录，而客户端通过网络连接到 NFS 服务器并访问其中存储的文件和目录。客户端计算机可以通过安装 NFS 客户端软件来访问 NFS 服务器。

NFS 主要具有以下特点。

- 网络共享：NFS 可以在网络上共享文件和目录，不受距离和位置的限制。
- 共享性能：由于 NFS 客户端和服务器之间的文件传输是通过网络进行的，因此其共享性能可以受到网络速度和质量的影响。
- 安全性：NFS 可以采用一系列安全措施来保护文件和目录的安全性，例如访问控制列表（ACL）和密钥身份验证等。
- 易于管理：NFS 可以在服务器上轻松管理，例如设置访问权限和配额限制等。
- 高可用性：NFS 可以通过使用多个 NFS 服务器来提高文件共享的可用性和容错性。

NFS 的性能表现在很大程度上取决于网络速度和质量。在网络速度较快且质量较好的情况下，NFS 可以提供较快的文件共享和访问速度。但是，在网络速度较慢或不稳定的情况下，NFS 的性能会受到影响，访问速度会降低。

4.3 基于 Cortex-A53 的嵌入式 Linux C 语言开发基础

为了进行 Linux 嵌入式系统开发，开发人员需要掌握一些必要的工具和技术。编辑器是开发人员进行代码编写和调试的重要工具之一。本节将重点介绍两个关键工具，即 VIM 编辑器和 arm-linux-gcc 编译器。这些工具对于基于 Cortex-A53 的嵌入式 Linux C 语言开发非常重要，因为它们是开发过程中必不可少的工具，可以满足开发人员的不同需求。

4.3.1 编辑器 VIM 使用基础

VIM 是一个功能强大的文本编辑器，可用于 Linux、UNIX 和 macOS 等操作系统。它具有许多特性，例如支持多种编程语言、快速的搜索和替换功能、自定义配置和插件等。本小节将介绍 VIM 编辑器的基础知识，读者可以从中掌握如何使用 VIM 打开、编辑和保存文件，并能使用一些基本的命令来导航和编辑文本。

（1）打开文件

使用 VIM 打开文件的最基本方法是在命令行中输入命令“vim 文件名”。例如，要打开名为 example.txt 的文件，可以输入命令“vim example.txt”，按 <Enter> 键，VIM 将打开该文件并显示其内容。

（2）退出 VIM

要退出 VIM 可以使用以下命令之一。

输入“:q”并按 <Enter> 键，正常退出 VIM。

输入“:q!”并按 <Enter> 键，强制退出 VIM 并丢弃所有更改。

输入“:wq”并按 <Enter> 键，保存更改并退出 VIM。

（3）导航文本

在 VIM 中导航文本的最基本方法是使用箭头键或 <Page Up>/<Page Down> 键。此外，VIM 还提供了如下一些更高效的导航快捷命令键。

- “k”向上移动一行。
- “j”向下移动一行。
- “h”向左移动一个字符。
- “L”向右移动一个字符。
- “0”移动到行首。
- “$”移动到行尾。
- “G”移动到文档结尾。

（4）编辑文本

在 VIM 中编辑文本的最基本方法是在插入模式下输入文本。要进入插入模式，可以按 <I> <A> 或 <O> 中的任意一个键。按 <I> 键进入插入模式并将光标定位到当前行的开头。按 <A> 键进入插入模式并将光标定位到当前行的结尾。按 <O> 键进入插入模式并在当前行上插入一个新行。

一旦进入插入模式，便可以像在任何其他文本编辑器中一样输入文本。要退出插入模式，按 <Esc> 键即可。

（5）保存文件

要保存文件，请确保退出插入模式，然后输入“:w”命令并按 <Enter> 键。这将保存当前文件。如果要将文件保存为不同的文件名，就输入“:w 新文件名”命令并按 <Enter> 键。

（6）查找和替换文本

VIM 提供了快速查找和替换文本的命令，如“/text”命令表示查找包含“text”的文本。按 <n> 键以查找下一个匹配项。

4.3.2　编译器 arm-linux-gcc 的使用

arm-linux-gcc 是一个可以在 ARM 架构的嵌入式设备上编译和运行的 GCC 版本，它提供了一些特定于 ARM 体系结构的优化和支持。在 Linux 嵌入式系统的开发中，使用 arm-linux-gcc 编译器可以将 C/C++ 代码编译成 ARM 指令集，从而在嵌入式设备上运行。以下是使用 arm-linux-gcc 编译器的基本步骤。

1）安装交叉编译工具链。最开始需要安装 ARM 交叉编译工具链，以便在本地 Linux 开发主机上生成可在 ARM 架构嵌入式设备上运行的二进制文件。交叉编译工具链包含

GCC 编译器、连接器、调试器等工具。可以从交叉编译工具链的官方网站上下载和安装对应版本的工具链。通常也可以通过 Linux 的包管理工具（如 apt-get）进行安装。安装命令是“sudo apt-get install gcc-arm-linux-gnueabi”。

安装完成后，可以通过命令“arm-linux-gnueabi-gcc -v”查看 arm-linux-gcc 的版本信息。

2）编写 C/C++ 源代码。使用文本编辑器（如 VIM）编写 C/C++ 源代码，并将源文件保存为以 .c 或 .cpp 为扩展名的文件。

3）交叉编译。在 Linux 开发主机上打开终端，进入源代码所在的目录。使用 arm-linux-gcc 命令编译 C/C++ 源文件，生成 ARM 指令集的二进制可执行文件。使用 arm-linux-gcc 进行编译时，还需要指定交叉编译器的路径和目标平台的架构。以编译 hello.c 为例，编译命令为

```
arm-linux-gnueabi-gcc -o hello hello.c
```

其中，-o 参数用于指定生成的可执行文件名。如果需要在编译时指定目标平台的架构，可以使用-march 和-mtune 参数。例如：

```
arm-linux-gnueabi-gcc -o hello hello.c -march=armv7-a -mtune=cortex-a53
```

4）传输文件到嵌入式设备。将生成的可执行文件通过网络或其他方式传输到 ARM 架构的嵌入式设备，并尝试连接一些库文件。连接库文件的方法与在普通的 GCC 编译器下相同，使用-l 参数指定需要链接的库名即可。例如：


```
arm-linux-gnueabi-gcc -o myprog myprog.c -lmylib
```

其中，-l 参数指定链接的库名为 libmylib.so。

5）使用 SSH 或其他方式登录嵌入式设备，并执行可执行文件。例如：

```
./hello_world
```

arm-linux-gcc 编译器支持调试程序，可以使用-g 参数进行编译。例如：

```
arm-linux-gnueabi-gcc -o myprog myprog.c -g
```

编译后的可执行文件可以使用 GDB 进行调试。

以上就是使用 arm-linux-gcc 编译器的基本步骤。当然，在实际应用中，还可以进行更多的调试和优化工作，以及支持许多其他参数，例如优化参数（-o）、警告参数（-wall）、预处理参数（-e）等，可以通过 man 命令查看完整的帮助文档，以确保生成的二进制文件在嵌入式设备上能够稳定运行和充分发挥性能。

习题

4-1　简述 Linux 内核的主要组成部分，以及每个组成部分的功能。

4-2　如何通过串口调试信息来调试嵌入式 Linux 内核？

4-3　简述 Flash 存储器与 RAM 存储器在嵌入式系统中的作用和区别。

4-4　介绍常用的嵌入式文件系统，并比较它们的优缺点。

第 5 章　基于 Cortex-A53 的嵌入式 Linux 多任务编程

5.1　嵌入式多任务的基本概念

嵌入式多任务编程是一种并发计算技术，可以使多个任务在嵌入式系统中共享 CPU 和其他资源。它的基本概念是在单个 CPU 上同时运行多个线程或进程。这些线程或进程在预定时间片过期或某些事件发生时被调度，以便让下一个线程或进程运行。在任何给定时刻，只有一个线程或进程能够被激活，但由于切换非常快，这些线程或进程似乎是同时运行的。

嵌入式多任务编程可以分为两个级别：进程级和线程级。在进程级别，每个任务都是一个独立的进程，并且它们之间通常通过进程间通信（IPC）机制进行通信。在线程级别，每个任务都是独立的线程，但它们共享相同的进程地址空间和系统资源。

总的来说，嵌入式多任务编程是嵌入式系统设计的重要组成部分，可以提高系统的效率和性能。

1. 进程级多任务

在嵌入式系统中，进程级多任务是指多个进程并发执行的情况。在进程级多任务中，操作系统将 CPU 的时间片分配给多个进程，每个进程按照规定的时间片执行一段时间，然后切换到下一个进程，从而实现多任务并发执行。进程之间的切换是由操作系统内核来控制的，进程间相互独立，一个进程的运行不会影响其他进程的运行。

在进程级多任务中，不同进程之间可以通过 IPC 机制进行通信和数据共享。IPC 机制包括管道、消息队列、信号量、共享内存等方式。通过这些 IPC 机制，进程之间可以传递数据和同步执行。这些都会在后面详细介绍。

进程级多任务是嵌入式系统中最常用的多任务实现方式，它可以同时执行多个任务，提高系统的响应速度和处理能力。在实际应用中，需要根据系统的需求和性能要求来选择合适的调度算法和 IPC 机制，以保证系统的稳定性和可靠性。

2. 线程级多任务

线程与进程的最大区别是线程只是一个执行路径，而进程是一个独立的执行单元。线程之间的切换比进程之间的切换更快，因为线程共享进程的资源，而进程则需要进行上下文切换。线程级多任务的最大优点是能够更高效地利用系统资源，同时，也更加灵活地响应外界的事件。

在嵌入式系统中，线程级多任务能够更好地实现系统资源的利用率和响应速度。线程可以通过多种方式实现，例如基于 POSIX 线程标准的 pthread 库、Linux 内核线程，以及针对特定应用场景设计的轻量级线程库等。

需要注意的是，线程之间的并发执行需要考虑同步和互斥问题，否则可能会出现资源竞争和死锁等问题。因此，在设计和实现多线程应用时，需要采用合适的同步和互斥机制来保证线程的正确性和稳定性。

线程级多任务是一种高效、灵活的多任务实现方式，适用于需要更好的系统资源利用率和响应速度的场景。在嵌入式系统中，线程级多任务也是一种常见的实现方式。

3. 多任务处理的特点

异步处理：多任务处理不再是传统的同步处理，而是采用异步处理方式，即一个任务不需要等待另一个任务执行完成后才能开始执行，而是可以在后台执行。

高效性：多任务处理可以大大提高系统的运行效率和响应速度，因为多个任务可以并行执行。

实时性：多任务处理可以实现实时处理，及时响应用户操作和系统事件。

可靠性：多任务处理可以实现任务间的独立性，一个任务出现异常不会影响其他任务的执行，从而提高了系统的可靠性。

资源共享：多任务处理可以实现对系统资源的共享，如内存、文件等，从而提高系统的利用率。

可扩展性：多任务处理可以很容易地扩展到多核处理器、分布式系统等多种场景，从而提高系统的可扩展性。

5.2 嵌入式 Linux 的进程

进程是构成Linux系统应用的一块基石，它代表了一个Linux系统上的绝大部分活动，不管是系统程序员、应用程序员，还是系统管理员，弄明白 Linux 的进程管理将“一切尽在掌握中”。

5.2.1 进程的概念

在介绍进程前，先明确“程序”的概念。“程序”一词在人们的生活中很常见，它通常指的是一系列按照特定顺序执行的指令或操作，用于完成某项任务或达到特定的目标。在计算机科学领域，程序是由一组指令和数据组成的，这些指令告诉计算机硬件如何执行特定的任务。程序可以是简单的，比如用于计算两个数字的加法程序，也可以是非常复杂的，比如操作系统或大型应用程序。程序的核心概念在计算机科学中至关重要，因为它是计算机软件的基础。程序可以用各种编程语言编写，每种编程语言都有它自己的语法和规则。程序员使用这些编程语言来创建程序，这些程序可以运行在各种不同类型的计算机和操作系统上。

进程，可以形象地描述为“运行着的程序”。对进程的概念比较权威的定义是：“执行一个程序所分配的资源的总称。”可以把进程认为是一种在较高层次的资源组织概念，将它视作系统中的活动实体，是操作系统进行调度和资源分配的基本单位。

进程是由代码段、数据段、BSS 段、堆、栈和进程控制块组成的。通常，程序是由代码段、数据段和 BSS 段组成。代码段是指用来存放程序执行代码的一块内存区域，这部分区域的大小在程序运行前就已经确定。在代码段中，也有可能包含一些只读的常数变量，例如字符串常量等。数据段是指用来存放程序中已初始化的全局变量的一块内存区域。BSS 是英文 Block Started by Symbol 的简称，BSS 段通常是指用来存放程序中未初始化的全局变量的一块内存区域。程序和堆、栈、进程控制块组成了进程。堆是用于存放进程运行中被动态分配的内存段，当进程调用 malloc 等函数分配内存时，新分配的内存就被动态添加到堆上（堆被扩张）；当利用 free 等函数释放内存时，被释放的内存从堆中被剔除（堆被缩减）。栈又称堆栈，是用于存放程序临时创建的局部变量的（但不包括 static 声明的变量，static 意味着在数据段中存放变量）。除此以外，在函数被调用时，其参数也会被压入发起调用的进程栈中，并且待调用结束后，函数的返回值也会被存放回栈中。由于栈的先进后出特点，所以栈特别方便用来保存或恢复调用现场。从这个意义上讲，可以把堆栈看成一个寄存、交换临时数据的内存区。进程控制块（Process Control Block，PCB）包含了与该进程相关的所有信息，以便操作系统能够有效地管理和控制进程的执行。PCB 通常包括进程状态、进程标识符、进程优先级、文件描述符表等信息。

在 Linux 中可以通过以下方法查询进程的信息。

查看系统进程快照——ps 命令：ps 命令用于显示当前系统运行的进程的快照。它提供了有关进程的基本信息，如进程 ID（PID）、状态、CPU 和内存使用等。ps 命令可以加上不同参数，以满足用户的特定需求。例如，ps-e 显示所有进程，ps-l 长格式显示更加详细的信息，ps-f 全部列出，通常和其他选项联用。例如，在 Linux 终端窗口输入命令“ps-elf”，将显示所有用户的所有进程的详细信息。在输出的结果中，若要找到想要查询的进程，可以使用 grep 命令来过滤结果。例如，如果想查询 nginx 进程信息，可以使用命令“ps-elf | grep nginx”，这个命令将会过滤出所有包含 nginx 的进程信息。

查看进程动态信息——top 命令：top 命令是一个交互式的实时系统监视工具，用于动态显示系统的运行状态。它以表格的形式显示当前活动进程的信息，并按 CPU 使用率或内存使用率对其进行排序。top 命令还提供了有关系统总体性能的信息，如 CPU 利用率、内存利用率和系统负载等。例如，在 Linux 终端窗口输入命令“top”，将显示进程的动态信息，实时更新。如果想查看具体某个进程，可以使用命令“top-p PID”，这个命令将会显示该进程信息。

查看进程具体信息——/proc 文件系统：/proc 是一个虚拟文件系统，它提供了有关系统内核和正在运行的进程的信息。这个文件系统中的文件和目录以数字命名，每个数字对应一个进程的 PID。通过读取 /proc 中的文件，用户可以获取关于系统状态和进程的各种信息，如进程状态、资源使用情况、进程命令行参数等。例如，可以使用“ls /proc”命令查看进程的具体信息。

这三个方法通常用于诊断和监视系统性能、查找问题进程，以及了解系统中正在运行的进程。每个工具都有其特定的用途和优势，根据需要，用户可以选择使用其中一个或多个方法来管理和监视系统。

接下来将解释一下 PCB 中几个比较重要的进程信息：进程状态、进程标识符、进程优先级和文件描述符表。

1. 进程状态

进程有运行态、等待态、停止态和死亡态四种状态。图 5-1 形象地展示了进程各种状态之前的关系。运行态：进程正在运行，或者准备运行。等待态：进程在等待一个事件的发生或某种系统资源。停止态：进程被中止，收到信号后可继续运行；死亡态：已终止的进程，但 PCB 没有被释放。

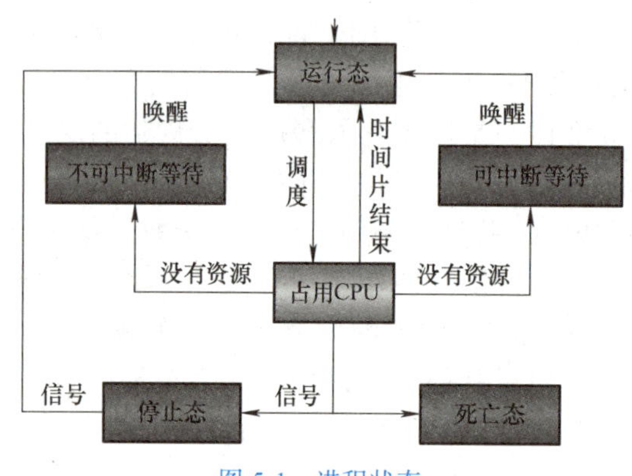

图 5-1　进程状态

2. 进程标识符

每个进程都会分配到一个独一无二的数字编号，称之为“进程标识符”（Process Identifier，PID），它是一个正整数，取值范围为 2 ～ 32768。当一个进程被启动时，它会分配到一个未使用的编号数字作为自己的 PID。虽然该编号是唯一的，但是当一个进程终止后，其 PID 就可以再次被使用了。系统具体实现的不同，但大多数的系统会将所有可有的 PID 轮过一圈后，再考虑使用之前释放的 PID。

3. 进程优先级

进程优先级是操作系统中用于确定进程执行顺序的一个重要概念。它决定了一个进程相对于其他进程在竞争 CPU 时间时的重要性和执行顺序。进程优先级通常以数字形式表示，具有更高优先级的进程会在具有较低优先级的进程之前获得 CPU 时间片。

与进程优先级的相关命令如下。

（1）nice 命令

该命令的功能是按用户指定的优先级运行进程。命令格式为

```
nice [OPTION] [COMMAND [ARG]...]
```

其中，OPTION 是可选的命令选项，用于设置进程的优先级级别。COMMAND 是要启动的进程的名称或可执行文件。ARG 是命令的参数，是可选项。

常见的 nice 命令选项：

-n，--adjustment=N：指定进程的 nice 值。N 的取值范围通常为 -20（最高优先级）～ +19（最低优先级）之间。负数表示提高优先级，正数表示降低优先级。

-h：将进程的 nice 值设置为最高优先级（-20）。

-l：将进程的 nice 值设置为最低优先级（+19）。

-p，--pid=PID：对指定的进程 ID（PID）进行 nice 值的调整。

例如，启动一个新进程并将其优先级设置为较高的等级可使用命令：

```
nice -n -10 ./my_program
```

（2）renice 命令

该命令的功能是用于改变正在运行的进程的优先级，其一般格式为

```
renice [-n] priority [[-p] pid] [[-g] pgrp] [[-u] user]
```

其中，

-n：可选参数，用于指定要调整的进程的 nice 值（优先级）。

priority：要分配给进程的新 nice 值。priority 是一个整数，负数表示提高优先级，正数表示降低优先级。

-p：可选参数，用于指定要调整优先级的进程的进程 ID（PID）。

-g：可选参数，用于指定要调整优先级的进程组的进程组 ID（PGID）。

-u：可选参数，用于指定要调整优先级的用户的用户名。

例如，降低一个正在运行的进程的优先级可使用命令：

```
renice 10 <PID>
```


4. 文件描述符表

在 UNIX 和类 UNIX 操作系统中，每个进程都有一个文件描述符表，它是一个索引数组或表，用于存储文件描述符的信息。文件描述符表在 UNIX 和 Linux 中非常重要，因为它允许进程有效地管理它们的 I/O 操作。操作系统通过文件描述符表来跟踪打开的文件，确保正确的数据在正确的位置读取和写入。此外，它也允许多个进程之间共享文件和 I/O 资源。

5.2.2　子进程

子进程是在操作系统中由另一个进程（称为父进程）创建的新进程。子进程是父进程的衍生，通常会继承一些父进程的属性和资源，包括内存映像、文件描述符表、环境变量和当前工作目录等，但也具有自己的独立性，其代码段通常是与父进程相同的副本，但后续的执行是相互独立的。子进程的存在可以实现多任务执行、任务隔离、错误处理和模块化设计等。通过创建和管理子进程，父进程可以更有效地执行复杂的任务和应用程序。

1. 子进程的创建

在 UNIX 和类 UNIX 操作系统中，子进程的创建通常是通过系统调用 fork() 函数实现的，它的作用是创建一个新的进程（子进程）作为调用进程（父进程）的副本。在执行 fork() 函数后，操作系统会复制父进程的所有资源，并将其复制到子进程中，但是父进程

和子进程是两个独立的进程，它们各自拥有自己的 PID 和 PCB，并且它们可以并行运行。子进程从 fork() 函数返回时，它会得到一个返回值，这个返回值为 0，这是因为子进程的 PID 为 0，而父进程得到的返回值则是子进程的 PID。

fork() 函数在操作系统和进程间的通信中扮演了重要的角色，它是创建多进程程序的基础，可以用来实现进程的复制、并行计算、进程间通信等功能。在某些情况下，fork() 函数也可以用来创建守护进程和后台进程等。

fork() 函数的原型：

```
#include <unistd.h>

pid_t fork(void);
```

其中，pid_t 是一个整数类型，通常用于表示 PID。在大多数情况下，它是一个有符号整数。fork() 函数没有参数。

fork() 函数返回值是一个整数，具体含义如下。

在父进程中，fork() 返回新创建子进程的 PID，该 PID 是一个正整数。

在子进程中，fork() 返回 0，表示子进程的标识符。

如果 fork() 函数调用失败，返回 –1，表示出现了错误。

fork() 函数的返回值用于在父进程和子进程之间区分它们的执行路径，通常用于控制流程，以便在不同的进程中执行不同的操作。

【例 5-1】fork() 函数的用法示例。


```
#include <stdio.h>
#include <unistd.h>
int main(){
    pid_t child_pid;

    child_pid = fork();

    if(child_pid == 0){
        // 这是子进程
        printf("Child process\n");
    } else if(child_pid > 0){
        // 这是父进程
        printf("Parent process,child's PID:%d\n",child_pid);
    } else {
        //fork 出现错误
        perror("fork");
    }

    return 0;
}
```

例 5-1 fork() 函数的用法

例 5-1 中，fork() 调用后，父进程和子进程分别输出不同的消息。子进程在调用 fork() 后获得了一个新的进程 ID（PID），而父进程通过返回值知道了子进程的 PID。需要注意的是，子进程只执行 fork() 之后的代码，父进程和子进程执行顺序是操作系统决定的。在例 5-1 中，如果父进程先执行，则会出现下面结果：

```
Parent process,child's PID:[ 子进程的 PID]
Child process
```

若是子进程先执行，则会出现另一个结果：

```
Child process
Parent process,child's PID:[ 子进程的 PID]
```

2. exec() 函数族

fork() 创建进程之后，子进程和父进程执行相同的代码，但是在实际开发当中，我们希望父进程和子进程执行不同的代码。而 exec() 函数族可以实现这样的需求。

exec() 函数族是在 UNIX 和类 UNIX 操作系统中的一组系统调用，用于执行一个新程序。它的作用是将当前进程的映像替换为一个新程序的映像，从而在不创建新进程的情况下执行不同的程序。exec() 函数族允许在一个进程内部动态地加载并运行其他程序，是实现进程间切换和程序替换的关键机制之一。

通常，exec() 函数族是在 fork() 函数之后调用的，以在子进程中加载新程序。父进程通常用于管理子进程的创建和控制，而子进程通过 exec() 函数族加载新的程序，以完成不同的任务。exec() 函数族主要包括四个函数，每个函数都对应于不同的加载新程序的方式。

（1）execl() 函数和 execv() 函数

execl() 函数和 execv() 函数用于从一个路径加载一个可执行文件。

execl() 函数的原型：

```
#include <unistd.h>

int execl(const char *path,const char *arg,... /*,(char *)0 */);
```

其中，

path：包含要执行的可执行文件路径的字符串。

arg：可变数量的参数，每个参数都是一个字符串，表示要传递给新程序的参数。最后一个参数必须是 NULL，用于标识参数列表的结束。

成功时执行指定的程序，如果发生错误，则返回 -1。

execv() 函数的原型：

```
#include <unistd.h>

int execv(const char *path,char *const argv[]);
```

execv() 函数的使用几乎与 execl() 函数一样，不同的是 execv() 函数采用了一个字符串数组来存储参数，然后将数组传递给 execv()。这个调用方式需要构建参数数组，相对来说更烦琐一些。

execl() 和 execv() 的选择取决于编程时的需求和个人偏好。如果参数数量是已知的，并且希望在代码中以参数列表的形式传递它们，那么选用 execl() 可能更方便。如果参数数量不确定，或者希望在一个数组中动态管理参数，那么选用 execv() 可能更适合。

（2）execlp() 函数和 execvp() 函数

execlp() 函数和 execvp() 函数用于从系统的 PATH 环境变量中查找可执行文件并加载它。

execlp() 函数的原型：

```
#include <unistd.h>

int execlp(const char *file,const char *arg,... /*,(char *)0 */);
```

其中，

file：要执行的可执行文件的名称。在调用 execlp() 时，系统会在 PATH 环境变量指定的目录中搜索与 file 名称匹配的可执行文件。

arg：可变数量的参数，每个参数都是一个字符串，表示要传递给新程序的参数。最后一个参数必须是 NULL，用于标识参数列表的结束。

execvp() 函数的原型：

```
#include <unistd.h>

int execvp(const char *file,char *const argv[]);
```

同理，execvp() 函数的使用与 execv() 函数的使用类似，这里不再赘述。

【例 5-2】exec() 函数的使用示例。

例 5-2 execvp() 函数的用法

```
#include <stdio.h>
#include <unistd.h>
#include <sys/types.h>
#include <sys/wait.h>

int main(){
    pid_t child_pid;

    child_pid = fork();

    if(child_pid == -1){
        perror("fork");
        return 1;
    } else if(child_pid == 0){
        // 子进程代码
        printf("Child process,PID:%d\n",getpid());
        execl("/bin/ls","ls","-1",NULL);
        perror("execl");    // 如果 execl() 失败才会执行
        return 1;
    } else {
        // 父进程代码
```

```
        printf("Parent process,child's PID:%d\n",child_pid);
        wait(NULL);    // 等待子进程结束
        printf("Parent process is done.\n");
    }

    return 0;
}
```

在例 5-2 中，父进程调用 fork() 函数创建了一个子进程。子进程会在 fork() 后从 fork() 返回的位置开始执行。它首先输出自己的 PID，然后使用 execl() 函数加载了 /bin/ls 可执行文件，替换了子进程的映像，从而执行了“ls-l”命令。如果 execl() 失败，子进程将输出错误信息并返回 1。父进程会输出子进程的 PID，并使用 wait（NULL）函数等待子进程结束。这确保父进程在子进程完成后才继续执行。父进程最后输出“Parent process is done.”。

例 5-2 演示了如何使用 fork() 和 exec() 函数协同工作，创建子进程来加载新程序，以完成不同的任务。通过 exec() 函数族，父子进程之间可以并行执行不同的代码。

3. 进程的退出

当一个进程完成了它的工作，就需要终止，此时进程就会退出。进程可以正常终止，也可以非正常终止。正常终止是指进程完成了它的工作，主动调用 exit() 函数退出，或者是在 main() 函数中执行 return 语句，返回一个整型值作为退出状态码；非正常终止是指进程因为某种原因意外终止，比如收到了一个信号，或者发生了一个错误导致进程崩溃。

进程退出的方式有许多种，其中两种主要的方式是正常退出和异常退出。

（1）正常退出

正常退出是指进程完成其任务并自行退出。这通常是通过调用 exit() 函数来实现的，其原型如下：

```
#include <stdlib.h>

void exit(int status);
```

其中，status 参数是一个整数，用于指定进程的退出状态码。通常，0 表示成功，非零值表示错误。进程的退出状态码可以用于通知父进程或其他程序有关进程执行的结果。

【例 5-3】exit() 函数的用法示例。

```
#include <stdio.h>
#include <stdlib.h>

int main(){
    printf("This is a normal exit.\n");
    exit(0);
}
```

例 5-3　exit() 函数的用法

（2）异常退出

异常退出是指进程因为某种错误或异常情况而退出，这通常不是正常的程序控制流程。进程可以通过调用 abort() 函数来实现异常退出，其原型如下：

```
#include <stdlib.h>

void abort(void);
```

abort() 函数会引发一个异常，导致进程立即退出，不会执行退出处理函数（如果有）。通常情况下，abort() 函数用于处理不可恢复的错误。

【例 5-4】abort() 函数的用法示例。

```
#include <stdio.h>
#include <stdlib.h>

int main(){
    printf("This is an abnormal exit.\n");
    abort();
    printf("This line will not be executed.\n");
}
```

例 5-4　abort() 函数的用法

除了自己主动退出，进程也可以被操作系统或其他进程“杀死”。这通常发生在进程无法响应或违反了操作系统的规则时。例如，通过 kill 命令可以“杀死”指定进程。

进程退出时，它的资源（如内存、文件描述符等）会被释放，并且进程的退出状态码会被传递给父进程或操作系统，以便记录和处理。正常退出和异常退出的状态码可以用于了解进程的执行结果和问题诊断。

4. 进程的回收

当一个进程退出后，它的一些资源（如内存、文件描述符等）需要被释放并回收，同时它的退出状态也需要被传递给父进程或操作系统。这个过程被称为进程的回收。在子进程退出后，如果父进程没有回收子进程，子进程的退出状态和一些资源会被保留在系统中，形成一个称为“僵尸进程”的状态。僵尸进程不再执行，但其相关信息仍然保留在系统中，直到父进程回收。

僵尸进程在操作系统中是一种非常危险的存在，因为它们占用着系统的资源，包括内存、文件描述符等，在大量积累的情况下，可能会导致系统资源耗尽，从而使系统崩溃。

为了避免僵尸进程的出现，父进程在子进程退出后应及时回收。在 UNIX/Linux 系统中，常通过特定的系统调用来主动回收子进程。以下是常用的方法。

（1）wait() 函数

使用 wait() 函数可用于等待任何一个子进程结束并获取其退出状态。它的原型如下：

```
#include <sys/types.h>
#include <sys/wait.h>

pid_t wait(int *status);
```

其中，status 指定保存子进程返回值和结束方式的地址，若为 NULL 表示直接释放子进程 PCB，不接收返回值。

可通过以下宏来获取子进程的信息。

WIFEXITED（status）：判断子进程是否正常结束。

WEXITSTATUS（status）：获取子进程返回值。

WIFSIGNALED（status）：判断子进程是否因信号结束。

WTERMSIG（status）：获取结束子进程的信号类型。

wait() 函数在等待子进程时会阻塞当前进程，直到子进程结束为止。若有多个子进程，哪个先结束就先回收哪个。成功执行时返回回收的子进程的进程号，失败时则返回 -1。

【例 5-5】wait() 函数的用法示例。

```
#include <stdio.h>
#include <stdlib.h>
#include <sys/types.h>
#include <sys/wait.h>
#include <unistd.h>

int main(){
    pid_t child_pid = fork();

    if(child_pid == 0){
        // 子进程执行任务
        printf("Child process executing...\n");
        sleep(2);
        exit(42);   // 子进程退出状态为 42
    } else if(child_pid > 0){
        // 父进程
        int status;
        pid_t terminated_pid = wait(&status);

        if(WIFEXITED(status)){
            // 子进程正常退出
            printf("Child process %d exited with status %d\n",terminated_pid,WEXITSTATUS(status));
        }
    } else {
        perror("fork");
        return 1;
    }

    return 0;
}
```

例 5-5　wait() 函数的用法

（2）waitpid() 函数

waitpid() 函数用于等待指定的子进程结束并获取其退出状态。它的原型如下：

```
#include <sys/types.h>
```

```
#include <sys/wait.h>

pid_t waitpid(pid_t pid,int *status,int options);
```

其中，pid 可用于指定回收哪个子进程或任意子进程。当 pid>0 时，只等待进程 ID 等于 pid 的子进程，不管其他已经有多少子进程运行结束退出了，只要指定的子进程还没有结束，waitpid() 函数就会一直等下去；当 pid=-1 时，等待任何一个子进程退出，没有任何限制，此时 waitpid() 函数和 wait() 函数的作用一样；当 pid=0 时，等待同一个进程组中的任何子进程，如果子进程已经加入了别的进程组，waitpid() 函数不会对它做任何理睬；当 pid<-1 时，等待一个指定进程组中的任何子进程，这个进程组的 ID 等于 pid 的绝对值。status 指定用于保存子进程返回值和结束方式的地址。options 提供了一些额外的选项来控制 waitpid() 函数，目前在 Linux 中只支持 WNOHANG 和 WUNTRACED 两个选项。这是两个常数，可以用 "|" 运算符把它们连接起来使用。WNOHANG 表示若由 pid 指定的子进程未发生状态改变（没有结束），则 waitpid() 不阻塞，立即返回 0；WUNTRACED 表示返回终止子进程信息和因信号停止的子进程信息。

waitpid() 函数成功执行时返回回收的子进程的进程号，失败的话返回 -1。

下面通过例 5-6 来演示其用法。

【例 5-6】

```
#include <stdio.h>
#include <stdlib.h>
#include <sys/types.h>
#include <sys/wait.h>
#include <unistd.h>

int main(){
    pid_t child_pid = fork();

    if(child_pid == 0){
        // 子进程执行任务
        printf("Child process executing...\n");
        sleep(2);
        exit(42);    // 子进程退出状态为 42
    } else if(child_pid > 0){
        // 父进程
        int status;
        pid_t terminated_pid = waitpid(child_pid,&status,0);

        if(WIFEXITED(status)){
            // 子进程正常退出
            printf("Child process %d exited with status %d\n",terminated_pid,WEXITSTATUS(status));
        }
    } else {
        perror("fork");
```

例 5-6 waitpid() 函数的用法

```
        return 1;
    }

    return 0;
}
```

5.3　进程间通信

进程间通信（Inter-Process Communication，IPC）是指不同进程之间进行数据交换和信息共享的机制和技术。在 Linux 中，进程间通信是非常重要的，因为它允许不同的进程在运行时协同工作、共享数据和资源，以完成复杂的任务。本节来介绍几种常见的进程间通信方法。

5.3.1　无名管道和有名管道

管道是 Linux 系统中最古老的进程间通信方法之一，包括无名管道和有名管道两种。

1. 无名管道

无名管道是一种半双工的通信方式，通常用于父进程和子进程之间或者兄弟进程之间。它是一个字节流，数据在一个进程写入管道，另一个进程从管道中读取。在 Linux 中，可以使用 pipe() 函数来创建管道。pipe() 函数的原型如下：

```
#include <unistd.h>

int pipe(int filedes[2]);
```

其中，filedes[2] 是一个整数数组，用于存储管道的文件描述符。filedes[0] 用于读取管道的数据，filedes[1] 用于写入管道的数据。

pipe() 函数成功则返回 0，失败返回 -1，并设置 errno 来指示错误的原因。

通常，在创建管道后，可以使用 read() 和 write() 函数来进行数据的读取和写入，filedes[0] 表示读取数据，filedes[1] 表示写入数据。这样，可以在不同的进程之间进行通信。管道是单向的，因此如果需要双向通信，通常需要创建两个管道，分别用于读和写。

【例 5-7】使用 pipe() 函数创建管道并进行进程间通信。

例 5-7　pipe() 函数的用法

```
#include <stdio.h>
#include <unistd.h>
#include <string.h>

int main(){
    int pipefd[2];
    char buffer[256];

    // 创建管道
    if(pipe(pipefd)== -1){
```

```
        perror("pipe");
        return 1;
    }

    // 创建子进程
    pid_t pid = fork();
    if(pid == -1){
        perror("fork");
        return 1;
    }

    if(pid == 0){ // 子进程
        close(pipefd[1]);// 关闭写入端，子进程只读取数据
        // 从管道读取数据
        read(pipefd[0],buffer,sizeof(buffer));
        printf("Child received:%s\n",buffer);
        close(pipefd[0]);
    } else { // 父进程
        close(pipefd[0]);// 关闭读取端，父进程只写入数据
        char message[] = "Hello,child!";
        // 写入数据到管道
        write(pipefd[1],message,strlen(message)+ 1);
        close(pipefd[1]);
    }

    return 0;
}
```


2. 有名管道

有名管道是一种具有持久性的命名管道，它可以由不同的进程在不同的时间打开并进行通信。它可以用于任意两个进程之间的通信，而不仅仅是父进程和子进程。在 Linux 中，可以通过 mkfifo 命令或 mkfifo() 函数来创建有名管道。mkfifo() 函数的原型如下：

```
#include <sys/types.h>
#include <sys/stat.h>

int mkfifo(const char *pathname,mode_t mode);
```

其中，pathname 是有名管道的路径和名称；mode 是创建管道时的权限掩码，通常使用八进制表示，例如 0666 表示可读写权限。

mkfifo() 函数成功返回 0；失败返回 -1，并设置 errno 来指示错误的原因。

有名管道允许不同的进程通过打开同一个文件来进行通信，因此它通常用于进程间的数据传输。例如，一个进程可以向有名管道写入数据，而另一个进程可以从同一个管道读取数据，从而实现进程间的通信。有名管道具有持久性，也就是说，即使创建它的进程终止，其他进程仍然可以访问它。

【例 5-8】使用 mkfifo() 函数实现不同进程间通信。

（1）创建一个写入程序（writer.c）

例 5-8　mkfifo() 函数的用法

```
#include <stdio.h>
#include <stdlib.h>
#include <unistd.h>
#include <sys/types.h>
#include <sys/stat.h>
#include <fcntl.h>
#include <string.h>

int main(){
    const char *fifo_path = "/tmp/myfifo";// 指定管道路径

    // 打开管道以写入数据
    int fd = open(fifo_path,O_WRONLY);
    if(fd == -1){
        perror("open");
        return 1;
    }

    // 向管道写入数据
    const char *message = "Hello,FIFO!";
    if(write(fd,message,strlen(message)+ 1)== -1){
        perror("write");
        return 1;
    }

    // 关闭管道
    close(fd);

    return 0;
}
```

（2）创建一个读取程序（reader.c）

```
#include <stdio.h>
#include <stdlib.h>
#include <unistd.h>
#include <sys/types.h>
#include <sys/stat.h>
#include <fcntl.h>

int main(){
    const char *fifo_path = "/tmp/myfifo";// 指定管道路径

    // 打开管道以读取数据
```

```
    int fd = open(fifo_path,O_RDONLY);
    if(fd == -1){
        perror("open");
        return 1;
    }

    // 读取管道中的数据
    char buffer[256];
    ssize_t bytes_read = read(fd,buffer,sizeof(buffer));
    if(bytes_read == -1){
        perror("read");
        return 1;
    }

    // 输出从管道中读取的数据
    printf("Received message:%s\n",buffer);

    // 关闭管道
    close(fd);

    return 0;
}
```


在例 5-8 中，创建了两个不同的 C 语言程序，一个用于写入数据到有名管道，另一个用于从管道读取数据。程序成功运行，会看到写入程序向管道写入的消息被读取程序接收并输出出来。这样，两个不同的进程成功地进行了通信，通过有名管道实现了数据的传输。有名管道允许不同的进程在不同的时间打开和关闭管道，以实现进程间的通信。

5.3.2 内存映射

内存映射（Memory Mapping）是一种操作系统提供的进程间通信和文件 I/O 的机制，它允许将一个文件或一段内存映射到进程的地址空间中，使得进程可以像访问普通内存一样访问文件的内容。

内存映射有许多优势。

- 高效的文件 I/O：通过内存映射，可以在不进行显式的文件读写操作的情况下直接在内存中操作文件数据，这可以提高文件 I/O 的效率。
- 共享内存：多个进程可以映射同一个文件，实现数据共享，因此内存映射也常被用于进程间通信。
- 文件的直接访问：内存映射允许进程直接访问文件的内容，无须复制数据到用户空间，这对大文件的操作特别有用。
- 匿名内存映射：除了文件映射，使用 mmap() 函数还可以创建匿名内存映射，它不与文件关联，而是映射一块匿名的内存区域，可用于进程间共享数据。

内存映射通常使用以下两个函数。

mmap()：用于将文件或内存区域映射到进程的地址空间。

munmap()：用于解除内存映射。

关于上述函数的原型和用法，请自行查阅手册，这里只通过一个简单的例子来说明 mmap() 函数的用法。

【例 5-9】使用 mmap() 函数将一个文件映射到进程的地址空间中。

例 5-9　mmap() 函数的用法

```
#include <stdio.h>
#include <stdlib.h>
#include <sys/mman.h>
#include <sys/stat.h>
#include <fcntl.h>
#include <unistd.h>

int main(){
    const char* file_path = "example.txt";
    int fd = open(file_path,O_RDWR);// 打开文件

    if(fd == -1){
        perror("open");
        return 1;
    }

    struct stat file_stat;
    if(fstat(fd,&file_stat)== -1){
        perror("fstat");
        close(fd);
        return 1;
    }

    // 映射文件到内存
    void* file_memory = mmap(0,file_stat.st_size,PROT_READ | PROT_WRITE,MAP_SHARED,
                             fd,0);
    if(file_memory == MAP_FAILED){
        perror("mmap");
        close(fd);
        return 1;
    }

    // 使用内存映射的数据
    printf("File content:\n%s\n",(char*)file_memory);

    // 解除内存映射
    if(munmap(file_memory,file_stat.st_size)== -1){
        perror("munmap");
    }
```

```
    close(fd);
    return 0;
}
```

例 5-9 打开了一个名为 example.txt 的文件，然后使用 mmap() 函数将文件映射到进程的地址空间中，随后可以直接访问 file_memory 指向的内存区域，这个区域包含了文件的内容。最后，使用 munmap() 函数解除内存映射。

需要注意的是，内存映射虽是一个强大的工具，但使用需谨慎，特别是在多进程环境下需要考虑同步和数据一致性的问题。

5.3.3 信号机制

信号是在软件层次上对中断机制的一种模拟，是一种异步通信方式，意味着进程可以在任何时间接收到信号，无论它是否正在等待信号。Linux 内核通过信号通知用户进程，不同的信号类型代表不同的事件。

1. 信号的产生

信号可以以多种方式产生，以下是一些常见的信号产生方式。

按键产生：用户可以通过在终端中按键盘上的组合键来产生信号。例如，按 <Ctrl+C> 组合键通常会产生 SIGINT 信号，用于中断正在运行的程序。

系统调用函数产生：进程可以通过系统调用函数来产生信号。例如，raise() 函数允许进程自行产生信号，而 kill() 函数允许一个进程向另一个进程发送信号。

硬件异常：信号可以由硬件异常引起，如除以零、非法指令、内存访问冲突等。这些异常触发操作系统生成相应的信号，以便进程可以捕获或默认处理。

命令行产生：在命令行终端中，用户可以使用 kill 命令向指定进程发送信号。例如，“kill–SIGTERM < 进程 ID>” 可以发送 SIGTERM 信号终止指定进程。

软件条件：信号还可以由进程的软件条件引起，如除以零、访问非法内存、浮点数异常等。当这些条件发生时，操作系统会向进程发送相应的信号。

常用的信号见表 5-1。

表 5-1 常用的信号

信号名	含义	默认操作
SIGHUP	该信号在用户终端关闭时产生，通常是发给和该终端关联的会话内的所有进程	终止
SIGINT	该信号在用户输入 INTR 字符（按 <Ctrl+C> 组合键）时产生，内核发送此信号到当前终端的所有前台进程	终止
SIGQUIT	该信号与 SIGINT 类似，但由 QUIT 字符（通常是按 <Ctrl+\> 组合键）产生	终止
SIGILL	该信号在一个进程企图执行一条非法指令时产生	终止
SIGSEV	该信号在非法访问内存时产生，如野指针、缓冲区溢出	终止
SIGPIPE	当进程往一个没有读端的管道中写入时产生，代表“管道断裂”	终止

（续）

信号名	含义	默认操作
SIGKILL	该信号用来结束进程，并且不能被捕捉和忽略	终止
SIGSTOP	该信号用于暂停进程，并且不能被捕捉和忽略	暂停进程
SIGTSTP	该信号用于暂停进程，用户可输入 SUSP 字符（通常是按 <Ctrl+Z> 组合键）发出这个信号	暂停进程
SIGCONT	该信号让进程进入运行态	继续运行
SIGALRM	该信号用于通知进程定时器时间已到	终止
SIGUSR1/2	该信号保留给用户程序使用	终止

在进程中发送信号主要使用 kill()、raise()、alarm()、pause() 及 abort() 等函数。下面来详细介绍这些函数。

（1）kill() 函数和 raise() 函数

kill() 函数可以向一个进程或进程组发送信号，而 raise() 函数则只能向自身发送信号。它们的函数原型如下：

```
#include <signal.h>
int kill(pid_t pid,int signo);
int raise(int signo);
```

因为调用 raise() 函数实际上等价于调用 kill（getpid()，signo），所以这里重点介绍 kill() 函数。kill() 函数的一个重要参数是 pid_t pid，另一个参数是要发送的信号值 signo。函数调用成功返回 0，否则返回 -1，并设置 errno 变量。下面是一些可能的返回值和对应的 errno 值。

1）如果失败的原因是给定的信号无效，errno 被设置为 EINVAL。

2）如果是权限不足，errno 被设置为 EPERM。

3）如果指定的进程不存在，errno 被设置为 ESRCH。

【例 5-10】 kill() 函数的用法示例。

例 5-10　kill() 函数的用法

```
#include <signal.h>
#include <stdio.h>

void sig_usr(int signo)
{
    if(signo == SIGINT)
            printf("received SIGINT\n");
    kill(getpid(),SIGKILL);
}

int main()
{
    if(signal(SIGINT,sig_usr)== SIG_ERR)
            perror("error");
```

```
    while(1);
    return 0;
}
```

该程序运行后，当按 <Ctrl+C> 组合键时，程序会调用信号处理函数输出“received SIGINT”，然后调用 kill() 函数结束进程。在此程序中，可以使用 raise() 函数代替 kill() 函数，修改后的代码如下。

```
#include <signal.h>
#include <stdio.h>

void sig_usr(int signo)
{
    if(signo == SIGINT)
            printf("received SIGINT\n");
    raise(SIGKILL);
}

int main()
{
    if(signal(SIGINT,sig_usr)== SIG_ERR)
            perror("error");
    while(1);
    return 0;
}
```


（2）alarm() 函数和 pause() 函数

alarm() 函数也被称为闹钟函数，是专门为 SIGALRM 信号而设计的。在指定的时间（seconds 秒）后，该函数会向进程本身发送 SIGALRM 信号。由于每个进程只能有一个闹钟，进程调用 alarm() 函数后，任何以前的 alarm() 调用都将无效。如果参数 seconds 为 0，则进程内将不再包含任何闹钟。pause() 函数是将调用的进程挂起直至捕捉到信号为止，常用来判断信号是否已到达。这两个函数的函数原型如下：

```
unsigned int alarm(unsigned int seconds);
int pause(void);
```

其中，参数 seconds 是指定的闹钟秒数。

函数调用成功返回 0，错误返回 –1。

【例 5-11】在 I/O 操作中，当读取一个低速设备并且该设备可能阻塞时，希望在超过一定时间后停止执行该操作。利用 alarm() 函数实现了这个功能。

例 5-11 alarm() 函数的用法

```
#include <signal.h>
#include <stdio.h>
#include <unistd.h>

#define MAXLINE 200
```

```
static void sig_alrm(int signo)
{
    printf("Time out!\n");
    return;
}

int main(void)
{
    int n;
    char line[MAXLINE];

    if(signal(SIGALRM,sig_alrm)== SIG_ERR)
        perror("signal(SIGALRM)error");

    alarm(5) ;// 设置闹钟时间为 5s

    if((n = read(STDIN_FILENO,line,MAXLINE))< 0)
        perror("read error");

    if(write(STDOUT_FILENO,line,n)!= n)
        perror("write error");

    return 0;
}
```


该程序从标准输入读取一行字符，然后将其写入标准输出上。在读取操作时，使用 alarm() 函数设置了一个 5s 的闹钟。如果读取操作在 5s 内完成，则正常输出读取的内容，如果超时则触发 SIGALRM 信号，并输出“Time out!”，然后程序结束。

这种处理方式在网络通信程序中很常见，在后面的章节中还会多次见到这种应用。

（3）abort() 函数

该函数用于向进程发送 SIGABRT 信号，该信号默认情况下会导致进程异常退出，但是可以定义自己的信号处理函数来处理该信号。即使 SIGABRT 被设置为进程的阻塞信号，调用 abort() 函数后，进程仍然可以接收到该信号。该函数的函数原型如下：

```
#include <stdlib.h>
void abort(void);
```

该函数没有参数也没有返回值，使用也非常简单。

2. 信号的处理

信号处理方式指的是当进程接收到信号时，进程对该信号的处理方式。通常有以下三种信号处理方式。

默认方式（Default Action）：每个信号都有一个默认的操作，即当信号发生时，操作系统会采取默认的行为。例如，对于 SIGINT 信号，默认方式是中断当前进程。

忽略信号（Ignore Signal）：进程可以选择忽略某个特定的信号。当信号被忽略时，进程不会采取任何动作，信号被丢弃。这通常通过注册一个空信号处理函数或调用函数 signal（SIG×××，SIG_IGN）来实现。其中，SIG××× 是要忽略的信号。

捕捉信号（Catch Signal）：进程可以注册一个自定义的信号处理函数来捕捉信号。当信号发生时，操作系统会调用该处理函数，进程可以在处理函数中执行自定义的操作。这通常通过函数 signal（SIG×××，handler）或 sigaction() 来实现。其中，SIG××× 是要捕捉的信号，handler 是自定义的信号处理函数。

要在进程中处理某一信号，需要注册该信号以确定信号值及进程针对信号值的动作映射关系。常用的两个用于信号注册的函数是 signal() 和 sigaction()。signal() 是最简单的信号处理接口，它只有两个参数，不支持信号传递信息。而 sigaction() 是较新的函数，有三个参数，支持信号传递信息。sigaction() 优于 signal() 函数，主要体现在支持信号带有参数上。下面分别详细介绍这两个函数。

（1）signal() 函数

该函数的函数原型定义比较复杂，但可以用以下形式来简化其定义，从而更易于理解。

```
typedef void sign(int);
Sign* signal(int signum,sign *handler);
```

第一个参数指定信号的值，第二个参数指定针对该信号值的处理函数的函数地址。

可以采用三种方式来处理信号：①忽略该信号（第二个参数设为 SIG_IGN）；②采用系统默认方式处理信号（第二个参数设为 SIG_DFL）；③指定一个自定义的处理函数（第二个参数指定一个函数地址）。

如果 signal() 调用成功，则返回最后一次注册的信号处理函数的地址，否则返回 SIG_ERR。

需要注意的是，由 signal() 函数注册的处理函数在执行完毕后，对信号的响应将还原为系统默认的处理方式，因此需要重新注册。

【例 5-12】 signal() 函数的用法示例。

```
#include <signal.h>
#include <stdio.h>
#include <unistd.h>
void sig_int(int sig)
{
    printf("Get signal:%d\n",sig);
    (void)signal(SIGINT,sig_int);
}
int main()
{
    (void)signal(SIGINT,sig_int);
     while(1){
          printf("Hello World!\n");
          sleep(1);
     }
```

例 5-12
signal()
函数的用法

```
    return 0;
}
```

该程序运行后，每隔 1s 在终端上输出一行“Hello World!”。这时按 <Ctrl+C> 组合键，不会导致程序终止，而会输出“Get signal：2"，然后继续循环输出“Hello World!”。这是因为 SIGINT 信号的处理动作被设置为 sig_int 的执行动作。如果要退出该程序，就必须按 <Ctrl+\> 组合键，这个组合键的作用是产生 SIGQUIT 信号。

从 signal() 函数的调用可以看出，不改变信号的处理方式就不能确定信号的当前处理方式。在许多处理信号的程序中都有类似下面这样的代码。

```
void sig_int(int);
if(signal(SIGINT,SIG_IGN)!= SIG_IGN)
    signal(SIGINT,sig_int);
```

当程序不知道进程的 SIGINT 信号是否有信号处理函数时，需要先测试是否为被忽略的处理方式，仅当信号当前未被忽略时，进程才会处理这些信号。而如果采用 sigaction() 函数，就可以确定一个信号的处理方式，而无须改变它。

（2）sigaction() 函数

sigaction() 函数用于改变进程接收到特定信号后的行为。该函数的原型如下：

```
int sigaction(int signum,const struct sigaction *act,struct sigaction *oldact);
```

该函数有三个参数：第一个参数是信号值，可以是除 SIGKILL 和 SIGSTOP 以外的任何一个特定的有效信号；第二个参数是指向结构 sigaction 的实例的指针，指定了对特定信号的处理；第三个参数是指向 struct sigaction 的实例的指针，用于保存原来对相应信号的处理，可以指定为 NULL。如果将第二个和第三个参数都设置为 NULL，则该函数可用于检查信号的有效性。sigaction 结构体的原型为：

```
struct sigaction {
    void(*sa_handler)(int);
    void(*sa_sigaction)(int,siginfo_t *,void *);
    sigset_t sa_mask;
    int sa_flags;
    void(*sa_restore)(void);
};
```

sigaction 结构体的字段包括 sa_handler、sa_sigaction、sa_mask、sa_flags 和 sa_restore。其中，sa_handler 是一个函数指针，指向要进行信号处理的函数；sa_sigaction、sa_restore 和 sa_handler 的含义相同，只是参数不同；sa_flags 指定了对信号进行处理的选项；sa_mask 用来设置信号屏蔽字，该屏蔽字由一个信号集定义。

sigaction() 函数调用成功时返回 0，失败则返回 -1。如果给出的信号不合法，或者试图对一个不允许捕捉或屏蔽的信号进行捕捉或屏蔽，则错误变量 errno 将被设置为 EINVAL。sigaction() 函数的使用方法和 signal() 函数的使用方法基本相同，事实上，在现在的很多 Linux 平台上都是使用 sigaction() 函数实现 signal() 函数的。因此，当熟练掌握该函数后，应尽量使用该函数而不是 signal() 函数。

与 signal() 函数略有不同的是，由 sigaction() 函数设置的信号处理函数所捕捉到的信号在默认情况下是不会被重置的（若在 sa_flags 中设置选项 SA_RESETHAND 则会表现得和 signal() 函数一样）。与 signal() 函数不同的是，信号处理函数只需注册一次即可。另外，为了配合 sigaction() 函数处理带有参数的信号，需要有可以发送带有参数信号的函数，这个函数就是 sigqueue()。sigqueue() 函数比 kill() 函数传递了更多的附加信息，但是 sigqueue() 函数只能向一个进程发送信号。

3. 信号集

表示一组信号的集合可以用数据结构信号集表示。信号集可包含 Linux 支持的全部或部分信号，主要与信号阻塞相关的函数配合使用。信号集被定义为 sigset_t 数据类型，可使用以下 5 个函数来创建该数据类型。

- sigemptyset（sigset_t *set）：初始化由 set 指定的信号集，将信号集中的所有信号清空。
- sigfillset（sigset_t *set）：调用该函数后，set 指向的信号集中将包含 Linux 支持的 64 种信号。
- sigaddset（sigset_t *set，int signum）：向 set 指向的信号集中添加 signum 信号。
- sigdelset（sigset_t *set，int signum）：从 set 指向的信号集中删除 signum 信号。
- sigismember（const sigset_t *set，int signum）：判断信号 signum 是否在 set 指向的信号集中。

这些函数成功时返回 0，失败则返回 -1，并设置 errno 为 EINVAL（表示给定的信号非法）。

每个进程都有一个信号屏蔽字，用于描述进程接收信号时需要被阻塞的信号集。在进程接收信号后，该信号集中的所有信号都将被阻塞。

与信号阻塞相关的函数有 sigprocmask() 函数、sigpending() 函数和 sigsuspend() 函数。下面来详细介绍这几个函数。

（1）sigprocmask() 函数

sigprocmask() 函数的作用是将指定的信号集合 set 加入进程的信号阻塞集合中，防止信号的干扰。如果 oldset 是非空指针，那么当前的进程信号阻塞集合将会保存在 oldset 中。函数能够根据参数 how 的值来实现对信号集的操作，主要有以下三种操作方式。

SIG_BLOCK：在进程当前阻塞信号集中添加 set 指向信号集中的信号。

SIG_UNBLOCK：如果进程阻塞信号集中包含 set 指向信号集中的信号，则解除对该信号的阻塞。

SIG_SETMASK：更新进程阻塞信号集为 set 指向的信号集。

通常，sigprocmask() 函数和 sigemptyset()、sigfillset()、sigaddset()、sigdelset()、sigismember() 函数配合使用，主要有以下两个作用。

1）当不希望某些不太重要的信号影响进程时，就可以把这些信号添加到信号屏蔽集中，使它们不打扰进程的执行。

2）在需要等待某个事件完成的时候，可以暂时阻塞某些信号，等到事件完成后再解除阻塞。这种操作方式通常会在调用某些系统函数时使用。

（2）sigpending() 函数

sigpending() 函数的作用是获得当前已送入进程但被阻塞的所有信号，并在 set 指向的信号集中返回这些信号。该函数的原型如下：

```
#include<signal.h>
int sigpending(sigset_t *set);
```

其中，在参数 set 指向的信号集中返回信号集结果。

阻塞信号并不是丢失信号，它们被保存在一个进程的信号阻塞队列里。

（3）sigsuspend() 函数

sigsuspend() 函数的作用是在收到某个信号之前，暂时用 sigmask 替换进程的信号掩码，并暂停进程执行，直到收到信号为止。一旦信号处理程序完成，进程将继续执行。该函数始终返回 -1，并将 errno 设置为 EINTR。

【例 5-13】sigsuspend() 函数的用法示例。

例 5-13 sigsuspend() 函数的用法

```
#include <signal.h>
#include <stdio.h>
#include <stdlib.h>

static void sig_quit(int signo){
    printf("caught SIGQUIT\n");
    if(signal(SIGQUIT,SIG_DFL)== SIG_ERR)
        perror("can't reset SIGQUIT");
}

static void sig_int(int signo){
    printf("caught SIGINT\n");
    if(signal(SIGINT,SIG_DFL)== SIG_ERR)
        perror("can't reset SIGINT");
}

int main(void){
    sigset_t newmask,oldmask,pendmask;

    if(signal(SIGQUIT,sig_quit)== SIG_ERR)
        perror("can't catch SIGQUIT");
    if(signal(SIGINT,sig_int)== SIG_ERR)
        perror("can't catch SIGINT");

    sigemptyset(&newmask);
    /* 添加信号 SIGQUIT 和 SIGINT 至信号集 */
    sigaddset(&newmask,SIGQUIT);
    sigaddset(&newmask,SIGINT);
    /* 设置为屏蔽这两个信号并保存当前的信号屏蔽字 */
    if(sigprocmask(SIG_BLOCK,&newmask,&oldmask)< 0)
```

```
        perror("SIG_BLOCK error");

    /* 暂停进程执行，直到收到信号 */
    sigsuspend(&oldmask);

    /* 恢复最初的信号屏蔽字 */
    if(sigprocmask(SIG_SETMASK,&oldmask,NULL)< 0)
        perror("SIG_SETMASK error");

    fprintf(stderr,"SIGNAL unblocked\n");
    exit(0);
}
```

该程序在开始时屏蔽了 SIGQUIT 和 SIGINT 信号，然后调用 sigsuspend() 函数暂停进程执行，直到收到信号。在收到信号之后，进程继续执行，并恢复最初的信号屏蔽字。如果在屏蔽期间收到了信号，则相应的信号处理程序将被调用。

注意：上述程序只是演示 sigsuspend() 函数的用法，在实际应用中还需要考虑其他因素，如信号的排队等。

5.3.4 消息队列

消息队列是在不同的进程之间传递消息或数据的进程间通信机制。消息队列通常用于实现进程间的异步通信，发送和接收消息的进程之间不需要同步等待，可以独立执行，其中一个进程将消息放入队列，另一个进程从队列中获取消息。消息队列可以存储多个消息，接收进程可以按照需要逐个获取消息。消息队列通常支持消息的优先级，可以确保高优先级的消息优先处理。消息队列实现了进程的松耦合，发送和接收进程不需要了解对方的详细实现，只需了解消息格式即可。

在 Linux 中，消息队列通常用以下几个函数来创建、发送和接收消息。

msgget()：用于创建或获取消息队列。

msgctl()：用于控制消息队列，如删除或修改队列。

msgsnd()：用于向消息队列发送消息。

msgrcv()：用于从消息队列接收消息。

关于以上函数的原型和使用方法，请自行查阅手册，这里只通过一个简单的例子来演示如何使用消息队列在两个进程之间传递消息。

【例 5-14】消息队列的用法示例。

例 5-14 消息队列的用法

```
#include <stdio.h>
#include <stdlib.h>
#include <sys/types.h>
#include <sys/ipc.h>
#include <sys/msg.h>
#include <string.h>

// 消息结构体
```

```
struct message {
    long mtype;          // 消息类型
    char mtext[256];   // 消息内容
};

int main(){
    key_t key;
    int msgid;

    // 生成一个唯一的键值
    key = ftok("message_queue_example",'A');
    if(key == -1){
        perror("ftok");
        exit(1);
    }

    // 创建消息队列
    msgid = msgget(key,0666 | IPC_CREAT);
    if(msgid == -1){
        perror("msgget");
        exit(1);
    }

    // 发送消息
    struct message msg;
    msg.mtype = 1;// 消息类型
    strcpy(msg.mtext,"Hello,message queue!");
    if(msgsnd(msgid,&msg,sizeof(msg.mtext),0)== -1){
        perror("msgsnd");
        exit(1);
    }

    printf("Message sent:%s\n",msg.mtext);

    // 接收消息
    if(msgrcv(msgid,&msg,sizeof(msg.mtext),1,0)== -1){
        perror("msgrcv");
        exit(1);
    }

    printf("Message received:%s\n",msg.mtext);

    // 删除消息队列
    if(msgctl(msgid,IPC_RMID,NULL)== -1){
        perror("msgctl");
```

```
        exit(1);
    }

    return 0;
}
```

例 5-14 中，创建了一个消息队列，然后在一个进程中发送消息，在另一个进程中接收消息。消息的传递是异步的，接收进程可以随时获取消息。消息队列提供了一种方便的方式来实现进程间通信。

5.4 嵌入式 Linux 的线程

5.4.1 线程的概念

线程也是嵌入式 Linux 多任务编程中的一个重要知识点。线程用于描述在一个进程内部并发执行的执行单元。线程是操作系统调度的最小单位，它可以独立执行，并且共享相同进程的内存空间和资源。

前面学习了进程，进程和线程的区别是：进程是独立的执行环境，拥有独立的内存空间和资源；而线程是进程内的执行单元，共享相同的进程资源。多个线程可以存在于同一个进程中，它们可以更高效地协同工作和共享数据。相比进程来说，线程更轻量级。

线程是多任务处理的一种重要方式，它们使得程序能够更有效地利用多核处理器，提高性能和响应速度。学习线程是十分必要的。

5.4.2 线程的创建、结束、回收、取消

1. 线程的创建

pthread_create() 函数是用于创建 POSIX 线程（通常称为 Pthreads）的函数。pthread_create() 函数的作用是创建一个新的线程，并在新线程中执行 start_routine 指定的函数。pthread_create() 函数的原型如下：

```
#include <pthread.h>

int pthread_create(pthread_t *thread,const pthread_attr_t *attr,void *(*start_routine)(void *),void *arg);
```

其中，

thread：一个指向 pthread_t 类型的指针，用于存储新线程的标识符。在 pthread_create() 函数成功创建线程后，它会填充这个指针。

attr：一个指向 pthread_attr_t 类型的指针，用于指定新线程的属性。通常情况下，可以将其设置为 NULL，以使用默认属性。

start_routine：一个指向线程函数的指针，这个函数将在新线程中执行。线程函数的原型必须是 void *（*start_routine）（void *），它接收一个 void* 类型的参数并返回一个

void* 类型的结果。

arg：一个指向传递给线程函数的参数的指针。

pthread_create() 函数返回一个整数值，通常为 0，表示成功创建线程，非零值表示创建线程失败。创建成功后，thread 指向的 pthread_t 变量将包含新线程的标识符，可以使用这个标识符来操作或等待新线程。

【例 5-15】pthread_create() 函数的用法示例

例 5-15 pthread_create() 函数的用法

```
#include <stdio.h>
#include <pthread.h>

#define NUM_THREADS 2

// 线程函数，输出 "Hello,World!"
void *print_hello(void *arg){
    printf("Hello,World!\n");
    return NULL;
}

int main(){
    pthread_t threads[NUM_THREADS];

    // 创建两个线程，每个线程输出 "Hello,World!"
    for(int i = 0;i < NUM_THREADS;i++){
        pthread_create(&threads[i],NULL,print_hello,NULL);
    }

    // 等待两个线程完成
    sleep(1);

    return 0;
}
```

在例 5-15 中，创建了两个线程，每个线程的线程函数 print_hello() 简单地输出 "Hello，World!" 然后退出。主线程等待这两个线程完成后，程序结束。这是一个最基本的多线程示例，演示了如何创建线程和等待它们完成。

需要注意的是，使用 pthread_create() 函数，需要链接 pthread 库。因为 pthread 是一个独立的线程库，所以在 shell 编译程序时，gcc 命令参数需要加上 -lpthread，否则会导致编译失败。

2. 线程的结束

线程的结束是指线程完成其任务并退出的过程。线程的结束通常使用 pthread_exit() 函数，pthread_exit() 函数的原型如下：

```
#include <pthread.h>
void pthread_exit(void *retval);
```

其中，retval 是一个 void* 类型的指针，用于指定线程的返回值。线程的返回值可以通过 pthread_join() 函数或其他方式来获取。这个指针可以指向任何数据类型，通常用来传递线程的返回结果。

注意：pthread_exit() 函数允许线程在执行期间提前退出，而不必等待线程函数的正常结束。线程调用 pthread_exit() 函数后，将立即终止，不再执行线程函数中后续的代码，同时将一个返回值传递给主线程或其他线程。

【例 5-16】pthread_exit() 函数的用法示例。

```
#include <stdio.h>
#include <pthread.h>

void *thread_function(void *arg){
    printf("hello world!\n");
    pthread_exit(result);
    printf("this is a test\n");
}

int main(){
    pthread_t my_thread;

    pthread_create(&my_thread,NULL,thread_function,NULL);
     // 等待线程完成
    sleep(1);

    return 0;
}
```

例 5-16 pthread_exit() 函数的用法

在例 5-16 中，线程函数使用 pthread_exit() 函数提前退出，程序运行不会输出“this is a test”语句。

3. 线程的回收

在线程完成其任务后，通常需要将其回收以释放系统资源并确保线程正常结束。若不主动进行回收，线程将会成为僵尸线程，类似前面提到的僵尸进程，对系统十分不利。线程的回收通常使用 pthread_join() 函数。pthread_join() 函数的原型如下：

```
#include <pthread.h>
int pthread_join(pthread_t thread,void ** retval);
```

其中，

thread：一个 pthread_t 类型的线程标识符，用于指定要等待的线程。

retval：一个 void** 类型的指针，用于接收线程的返回值。线程的返回值是在线程函数中通过 pthread_exit() 函数或线程的返回语句返回的值。

pthread_join() 函数将等待指定的线程完成其任务，并在线程退出时回收相关资源。如果不关心线程的返回值，可以将 retval 参数设置为 NULL。如果线程已经被分离（通过 pthread_detach() 函数分离），或者线程不存在，或者已经被其他线程回收，那么 pthread_ join() 函数可能会返回错误。

要使用 pthread_join() 函数，需要在主线程中调用它，以等待指定的线程完成。一旦线程完成，可以使用 retval 参数来获取线程的返回值（如果需要的话）。

【例 5-17】pthread_join() 函数的用法示例。

```
#include <stdio.h>
#include <pthread.h>

void *thread_function(void *arg){
    // 线程的主要执行逻辑
    pthread_exit(NULL);
}

int main(){
    pthread_t my_thread;
    pthread_create(&my_thread,NULL,thread_function,NULL);

    // 等待线程完成并回收资源
    pthread_join(my_thread,NULL);

    return 0;
}
```

例 5-17 pthread_join() 函数的用法

在例 5-17 中，pthread_join() 函数等待指定线程完成，然后回收其资源。注意：pthread_join() 函数在等待线程完成时会阻塞调用线程，直到线程完成或者发生错误。在 Linux 中，通常采用线程分离来解决这个问题，分离后的线程无法被等待，但它会在完成时自动回收。

在 POSIX 线程中，可以使用 pthread_detach() 函数来实现线程分离。pthread_detach() 函数的原型如下：

```
#include <pthread.h>
int pthread_detach(pthread_t thread);
```

其中，thread 是一个 pthread_t 类型的线程标识符，用于指定要设置为分离状态的线程。

【例 5-18】pthread_detach() 函数的用法示例。

```
#include <stdio.h>
#include <pthread.h>

void *thread_function(void *arg){
    // 线程的主要执行逻辑
    pthread_detach(pthread_self());// 分离线程
    return NULL;
}

int main(){
```

例 5-18 pthread_detach() 函数的用法

```
    pthread_t my_thread;
    pthread_create(&my_thread,NULL,thread_function,NULL);
    // 不等待线程，线程会在完成后自动回收
    return 0;
}
```

4. 线程的取消

在主进程回收线程的过程中，若线程一直没有退出，除了可以采用线程分离的方法，也可以采用取消线程的方法。线程的取消可以随时“杀死”正在运行的线程，在 Linux 中，线程的取消通常采用 pthread_cancel() 函数，该函数的原型如下：

```
#include <pthread.h>
int pthread_cancel(pthread_t thread);
```

其中，thread 是一个 pthread_t 类型的线程标识符，用于指定取消的线程。

使用 pthread_cancel() 函数时，需要注意以下两点。

1）线程需要设置取消点。取消点是线程代码中的位置，允许线程被取消。例如在线程函数中设置死循环函数，或者采用 pthread_testcancel() 函数手动设置一个取消点。

2）线程需要设置为可取消状态。在实际中，通常想保留线程的一些执行代码，此时可以调用 pthread_setcancelstate() 函数来设置。pthread_setcancelstate() 函数的原型如下：

```
#include <pthread.h>
int pthread_setcancelstate(int state,int *oldstate);
```


其中，

state：一个整数，表示要设置的取消状态。可以是以下两个值之一：PTHREAD_CANCEL_ENABLE，允许线程响应取消请求；PTHREAD_CANCEL_DISABLE，禁止线程响应取消请求。

oldstate：一个指向整数的指针，用于获取设置前的取消状态。如果不需要获取旧的取消状态，可以将该参数设置为 NULL。

线程的取消应该谨慎使用，因为它可能会引发复杂的控制流和资源管理问题。通常情况下，更安全的做法是允许线程正常结束，而不是强制取消它们。如果需要取消线程，应该确保线程在适当的点响应取消请求并执行必要的清理操作。在 Linux 中，通常调用 pthread_cleanup_push() 和 pthread_cleanup_pop() 函数来进行清理操作。pthread_cleanup_push() 函数的原型如下：

```
#include <pthread.h>
void pthread_cleanup_push(void(*routine)(void *),void *arg);
```

其中，

routine：一个函数指针，指向一个清理处理程序函数。该函数将在线程退出时被调用，用于执行清理操作。

arg：一个指针，作为参数传递给清理处理程序函数。

pthread_cleanup_push() 函数用于将清理处理程序函数和参数推入线程的清理处理程

序堆栈。当线程退出时，这些清理处理程序会按照后进先出（LIFO）的顺序执行。通常，会在线程的函数内部使用 pthread_cleanup_push() 函数来添加清理处理程序，以确保在线程退出时资源得到正确释放。

pthread_cleanup_pop() 函数的原型如下：

```
#include <pthread.h>
void pthread_cleanup_pop(int execute);
```

其中，execute 是一个整数，表示是否执行清理处理程序。如果 execute 为非零值，则在调用 pthread_cleanup_pop() 函数时将执行清理处理程序；如果 execute 为 0，则不执行。

pthread_cleanup_pop() 函数用于从线程的清理处理程序堆栈中弹出一个清理处理程序，并根据 execute 参数来决定是否执行清理处理程序。通常，execute 的值为 1，以确保执行清理操作。然后，继续添加其他清理处理程序或完成线程的执行。

在执行清理操作的时候需要注意以下几点。

1）pthread_cleanup_push() 和 pthread_cleanup_pop() 函数必须成对使用，即使 pthread_cleanup_pop() 不会被执行到也必须写上，否则编译错误。

2）pthread_cleanup_pop() 函数被执行且参数为 0，则 pthread_cleanup_push() 回调函数不会被执行。

3）pthread_cleanup_push() 和 pthread_cleanup_pop() 可以写多对，routine 的执行顺序正好相反，类似于数据存储结构栈的“先入后出”原则。

4）线程内的 return 语句可以结束线程，也可以给 pthread_join() 函数返回值，但不能触发 pthread_cleanup_push() 的回调函数，所以结束线程时尽量使用 pthread_exit() 函数退出线程。

【例 5-19】线程的取消及清理操作示例。

例 5-19
线程的取消及清理操作示例

```
#include <stdio.h>
#include <stdlib.h>
#include <pthread.h>
#include <unistd.h>

// 定义线程清理处理程序
void cleanup_handler(void *arg){
    printf("Cleanup handler executed with arg:%s\n",(char *)arg);
    free(arg);// 释放分配的内存
}


void *thread_function(void *arg){
    // 压入清理处理程序
    pthread_cleanup_push(cleanup_handler,"Cleanup Argument");

    // 设置取消点，使线程可以在此响应取消请求
    pthread_setcancelstate(PTHREAD_CANCEL_ENABLE,NULL);
```

```
        while(1){
            // 在取消点检查取消请求
            pthread_testcancel();

            // 线程的主要执行逻辑
            printf("Thread is running\n");
            sleep(1);
        }

        // 弹出清理处理程序
        pthread_cleanup_pop(1);// 执行清理处理程序

        return NULL;
    }

    int main(){
        pthread_t my_thread;

        // 创建线程
        if(pthread_create(&my_thread,NULL,thread_function,NULL)!= 0){
            perror("pthread_create");
            exit(EXIT_FAILURE);
        }

        // 等待一段时间
        sleep(5);

        // 请求取消线程
        if(pthread_cancel(my_thread)!= 0){
            perror("pthread_cancel");
            exit(EXIT_FAILURE);
        }

        // 等待线程完成（可选）
        if(pthread_join(my_thread,NULL)!= 0){
            perror("pthread_join");
            exit(EXIT_FAILURE);
        }

        return 0;
    }
```


在例 5-19 中，线程函数使用 pthread_cleanup_push() 函数压入一个清理处理程序，然后在循环中使用 pthread_testcancel() 函数在取消点检查取消请求。当主线程请求取消线程时，线程会响应取消请求，并执行清理处理程序。清理处理程序释放了线程函数中分配的内存。

5.4.3　线程的互斥和线程池

1. 线程的互斥

前面提到过，线程是进程内的执行单元，共享相同的进程资源，多个线程可以存在于同一个进程中。然而，当多个线程同时访问临界资源（在多线程或多进程环境中共享的资源，例如共享内存、文件、数据库连接等）时，可能会导致数据损坏、数据不一致或程序崩溃等问题。

为了避免临界资源问题，需要使用同步机制来确保对临界资源的互斥访问。在 Linux 中，主要采用互斥锁。互斥锁用于确保在任何给定时刻只有一个线程能够访问共享资源，从而防止多个线程同时对共享资源进行写操作，避免数据竞争和不一致的状态。

（1）互斥锁的基本操作

互斥锁提供了锁定和解锁两个基本操作。

1）锁定（Locking）：当一个线程希望访问共享资源时，它尝试获取互斥锁。如果互斥锁当前没有被其他线程占用，那么该线程将成功获取锁并继续执行，否则它将等待直到锁被释放。

2）解锁（Unlocking）：当一个线程完成对共享资源的访问时，它释放互斥锁，以允许其他线程获取锁并访问共享资源。

互斥锁通常有两种状态：锁定状态和非锁定状态。线程在获取互斥锁时将其锁定，而在释放互斥锁时将其解锁。只有一个线程能够成功锁定互斥锁，其他线程将被阻塞，直到互斥锁被解锁。

（2）互斥锁的应用场景

互斥锁的应用场景包括但不限于以下几个。

保护共享资源：当多个线程需要访问和修改共享数据结构（如数组、链表、全局变量）时，互斥锁可以用来确保一次只有一个线程可以修改数据，从而避免数据损坏和不一致。

同步线程操作：互斥锁也可以用来同步多个线程的操作，确保它们按照特定的顺序执行。

防止竞态条件：互斥锁可以用来防止竞态条件的发生，竞态条件是指多个线程之间的交互可能导致不可预测的结果。

线程安全性：在多线程环境中，互斥锁可用于确保函数或代码块的线程安全性，以避免多个线程同时访问它们。

（3）互斥锁的创建方式

互斥锁的创建有动态方式和静态方式两种方式。

1）动态方式下使用 pthread_mutex_init() 函数创建互斥锁，可以在运行时动态地初始化互斥锁，并且可以选择指定互斥锁的属性。这种方式通常适用于需要在运行时根据需要配置互斥锁属性的情况。pthread_mutex_init() 函数的原型如下：

```
#include <pthread.h>
int pthread_mutex_init(pthread_mutex_t *restrict mutex,const pthread_mutexattr_t *restrict attr);
```

其中，

mutex：指向要初始化的互斥锁变量的指针。

attr：一个指向互斥锁属性的指针，用于指定互斥锁的属性。如果为 NULL，则使用默认属性。

2）静态方式下使用 PTHREAD_MUTEX_INITIALIZER 宏创建互斥锁，这种方式在编译时静态地初始化互斥锁，不需要额外的函数调用。这种方式通常适用于在编译时知道互斥锁的初始属性的情况。

```
pthread_mutex_t mutex = PTHREAD_MUTEX_INITIALIZER;
```

（4）互斥锁的操作函数

在 Linux 中用于操作互斥锁的函数是 pthread_mutex_lock() 和 pthread_mutex_unlock() 函数，它们分别用于锁定和解锁互斥锁，以确保只有一个线程能够访问临界资源。pthread_mutex_lock() 函数用于锁定互斥锁。如果互斥锁已经被其他线程锁定，那么调用线程将被阻塞，直到互斥锁被解锁为止。一旦成功锁定互斥锁，线程就可以安全地访问共享资源。如果线程在等待互斥锁时收到取消请求，它将在取消点处被取消。pthread_mutex_unlock() 函数用于解锁互斥锁，允许其他线程获取该互斥锁并访问共享资源。通常情况下，只有拥有锁的线程才能解锁它，否则会导致错误。

【例 5-20】互斥锁的使用示例。

例 5-20 互斥锁的用法

```
#include <stdio.h>
#include <pthread.h>
#include <unistd.h>

pthread_mutex_t my_mutex = PTHREAD_MUTEX_INITIALIZER;
int shared_variable = 0;

void *thread_function(void *arg){
    // 锁定互斥锁
    pthread_mutex_lock(&my_mutex);

    // 访问共享资源
    shared_variable++;
    printf("Thread %ld:Shared variable is now %d\n",(long)arg,shared_variable);

    // 解锁互斥锁
    pthread_mutex_unlock(&my_mutex);

    return NULL;
}

int main(){
    pthread_t thread1,thread2;
```

```
    // 创建两个线程
    pthread_create(&thread1,NULL,thread_function,(void *)1);
    pthread_create(&thread2,NULL,thread_function,(void *)2);

    // 等待线程完成
    pthread_join(thread1,NULL);
    pthread_join(thread2,NULL);

    return 0;
}
```

在例 5-20 中，两个线程通过互斥锁 my_mutex 来同步对共享变量 shared_variable 的访问。只有一个线程能够锁定互斥锁并访问共享资源，其他线程在等待时被阻塞，这确保了对临界资源的安全访问。

在实际应用中，互斥锁通常与条件变量结合使用，用于解决线程之间的协作和通信问题。条件变量是为了实现等待某个资源，让线程休眠，从而提高运行效率，属于生产者－消费者问题，也是线程同步的一种手段。

在 Linux 中，条件变量通常使用以下函数进行操作。

pthread_cond_init()：初始化条件变量。

pthread_cond_wait()：等待条件变量并释放互斥锁，直到收到信号。

pthread_cond_signal()：发送信号，唤醒一个等待的线程。

pthread_cond_broadcast()：发送信号，唤醒所有等待的线程。

pthread_cond_destroy()：销毁条件变量。

关于以上函数的原型和用法，请自行查阅手册，这里仅通过一个简单的例子来演示互斥锁和条件变量结合使用解决线程之间的协作和通信问题。

【例 5-21】互斥锁和条件变量结合使用示例。

例 5-21　互斥锁和条件变量结合使用示例

```
#include <stdio.h>
#include <pthread.h>
#include <unistd.h>

pthread_mutex_t mutex = PTHREAD_MUTEX_INITIALIZER;
pthread_cond_t cond = PTHREAD_COND_INITIALIZER;
int shared_variable = 0;

void *producer(void *arg){
    for(int i = 0;i < 5;i++){
        pthread_mutex_lock(&mutex);
        shared_variable = i;
        printf("Producer:Produced %d\n",i);
        pthread_cond_signal(&cond);// 发送信号通知消费者
        pthread_mutex_unlock(&mutex);
        sleep(1);
    }
```

```
        return NULL;
}

void *consumer(void *arg){
        for(int i = 0;i < 5;i++){
                pthread_mutex_lock(&mutex);
                while(shared_variable!= i){
                        pthread_cond_wait(&cond,&mutex);// 等待信号
                }
                printf("Consumer:Consumed %d\n",i);
                pthread_mutex_unlock(&mutex);
        }
        return NULL;
}

int main(){
        pthread_t producer_thread,consumer_thread;

        pthread_create(&producer_thread,NULL,producer,NULL);
        pthread_create(&consumer_thread,NULL,consumer,NULL);

        pthread_join(producer_thread,NULL);
        pthread_join(consumer_thread,NULL);

        pthread_mutex_destroy(&mutex);
        pthread_cond_destroy(&cond);

        return 0;
}
```


在例 5-21 中，一个生产者线程通过条件变量 cond 发送信号，通知消费者线程。消费者线程等待信号并在收到信号后执行相应的操作。互斥锁 mutex 用于保护对共享资源 shared_variable 的访问，以避免竞态条件。条件变量允许生产者和消费者线程协作，并按顺序执行。

2. 线程池

通常，创建一个线程，完成某一个任务，等待线程的退出。但当需要创建大量的线程时，假设 T1 为创建线程的时间，T2 为线程执行任务的时间，T3 为线程销毁时间，当 T1+T3>T2 时，说明线程创建不合理。使用线程池可以降低频繁创建和销毁线程所带来的开销，任务处理时间比较短的时候这个好处非常显著。

线程池是一种并发编程的设计模式，用于管理和复用线程，以提高多线程应用程序的性能和资源利用率。线程池在处理大量短期任务时尤为有用，它允许在多个线程之间分配任务，而不需要为每个任务创建和销毁线程。这可以减少线程创建和销毁的开销，提高程序的响应性和效率。通俗来讲，线程池就是一个线程的池子，是可以循环地完成任务的一

组线程集合。

（1）线程的组成

线程池通常由以下组件组成。

1）任务队列（Task Queue）：用于存储待执行的任务。任务可以是函数、方法、对象或其他可执行单元。线程池的线程会从任务队列中获取任务并执行它们。

2）线程池管理器（Thread Pool Manager）：负责创建、管理和维护线程池中的线程。它决定何时创建新线程、何时销毁线程，以及如何分配任务给线程。

3）线程池工作者线程（Thread Pool Worker Threads）：线程池中的线程，它们负责执行从任务队列中获取的任务。这些线程一直处于运行状态，等待任务的到来。

（2）线程的实现

线程池的实现步骤如下。

1）创建线程池的基本结构。

```
任务队列链表；
线程池结构体；
```

2）初始化线程池。

```
pool_init(){
    创建一个线程池结构；
    实现任务队列互斥锁和条件变量的初始化；
    创建 n 个工作线程；
}
```

3）添加任务。

```
pool_add_task(){
    判断是否有空闲的工作线程；
    给任务队列添加一个节点；
    给工作线程发送信号 newtask;
}
```

4）实现工作线程。

```
workThread(){
    while(1){
            等待 newtask 任务信号；
            从任务队列中删除节点；
            执行任务；
    }

}
```

5）销毁线程池。

```
pool_destory
{
    删除任务队列链表中的所有节点，释放空间；
    删除所有的互斥锁和条件变量；
```

```
    删除线程池，释放空间；
}
```

【例 5-22】创建一个基本的线程池，包括初始化、添加任务、实现工作线程和销毁线程池的功能。

例 5-22 创建一个基本的线程池示例

```
#include <stdio.h>
#include <stdlib.h>
#include <pthread.h>
#include <unistd.h>

// 任务结构
typedef struct Task {
    void(*function)(void*);                    // 任务函数指针
    void* arg;                                 // 任务参数
    struct Task* next;                         // 指向下一个任务的指针
} Task;

// 线程池结构
typedef struct ThreadPool {
    int num_threads;                           // 线程池中的线程数量
    pthread_t* threads;                        // 线程数组
    Task* task_queue;                          // 任务队列
    pthread_mutex_t mutex;                     // 互斥锁
    pthread_cond_t newtask;                    // 任务条件变量
    int shutdown;                              // 线程池关闭标志
} ThreadPool;

// 初始化线程池
ThreadPool* pool_init(int num_threads);
// 向线程池添加任务
void pool_add_task(ThreadPool* pool,void(*function)(void*),void* arg);
// 工作线程函数
void* workThread(void* arg);
// 销毁线程池
void pool_destroy(ThreadPool* pool);
// 初始化线程池
ThreadPool* pool_init(int num_threads){
    ThreadPool* pool =(ThreadPool*)malloc(sizeof(ThreadPool));
    if(!pool){
        perror("pool_init");
        return NULL;
    }

    pool->num_threads = num_threads;
    pool->threads =(pthread_t*)malloc(sizeof(pthread_t)* num_threads);
```

```
    pool->task_queue = NULL;
    pool->shutdown = 0;

    pthread_mutex_init(&pool->mutex,NULL);
    pthread_cond_init(&pool->newtask,NULL);

    // 创建工作线程
    for(int i = 0;i < num_threads;i++){
        pthread_create(&pool->threads[i],NULL,workThread,pool);
    }

    return pool;
}

// 向线程池添加任务
void pool_add_task(ThreadPool* pool,void(*function)(void*),void* arg){
    Task* new_task =(Task*)malloc(sizeof(Task));
    if(!new_task){
        perror("pool_add_task");
        return;
    }
    new_task->function = function;
    new_task->arg = arg;
    new_task->next = NULL;

    pthread_mutex_lock(&pool->mutex);
    Task* current = pool->task_queue;
    if(!current){
        pool->task_queue = new_task;
    } else {
        while(current->next){
            current = current->next;
        }
        current->next = new_task;
    }
    pthread_cond_signal(&pool->newtask);// 发送信号通知工作线程
    pthread_mutex_unlock(&pool->mutex);
}

// 工作线程函数
void* workThread(void* arg){
    ThreadPool* pool =(ThreadPool*)arg;
    while(1){
        pthread_mutex_lock(&pool->mutex);
        while(!pool->task_queue &&!pool->shutdown){
```

```
                pthread_cond_wait(&pool->newtask,&pool->mutex);
            }
            if(pool->shutdown){
                pthread_mutex_unlock(&pool->mutex);
                pthread_exit(NULL);
            }
            Task* task = pool->task_queue;
            if(task){
                pool->task_queue = task->next;
            }
            pthread_mutex_unlock(&pool->mutex);

            if(task){
                task->function(task->arg);
                free(task);
            }
        }
        return NULL;
    }

    // 销毁线程池
    void pool_destroy(ThreadPool* pool){
        pthread_mutex_lock(&pool->mutex);
        pool->shutdown = 1;
        pthread_mutex_unlock(&pool->mutex);
        pthread_cond_broadcast(&pool->newtask);

        for(int i = 0;i < pool->num_threads;i++){
            pthread_join(pool->threads[i],NULL);
        }

        free(pool->threads);
        while(pool->task_queue){
            Task* task = pool->task_queue;
            pool->task_queue = task->next;
            free(task);
        }

        pthread_mutex_destroy(&pool->mutex);
        pthread_cond_destroy(&pool->newtask);

        free(pool);
    }

    // 示例任务函数
```

```
void sample_task(void* arg){
    int task_id = *((int*)arg);
    printf("Task %d executed\n",task_id);
    sleep(1);
}

int main(){
    ThreadPool* pool = pool_init(4);

    for(int i = 0;i < 10;i++){
        int* task_id =(int*)malloc(sizeof(int));
        *task_id = i;
        pool_add_task(pool,sample_task,task_id);
    }

    sleep(5);// 等待任务执行完成

    pool_destroy(pool);

    return 0;
}
```

例 5-22 是一个简单的线程池实现，它初始化了一个包含 4 个工作线程的线程池，然后向线程池中添加了 10 个任务，每个任务实现输出任务编号并休眠 1s。程序正常运行会出现下面的结果。


```
Task 0 executed
Task 1 executed
Task 2 executed
Task 3 executed
Task 4 executed
Task 5 executed
Task 6 executed
Task 7 executed
Task 8 executed
Task 9 executed
```

5.5　基于 Cortex-A53 的多任务间通信设计案例

嵌入式多任务通信在实际生产中的应用十分广泛，本节将介绍几个比较典型的基于 Cortex-A53 的多任务间通信设计案例。

5.5.1　生产者 - 消费者问题

生产者 - 消费者问题是应用多任务通信来解决的典型问题之一。下面通过例 5-23 来演示说明，其中有两个线程（生产者和消费者）通过共享内存进行通信，以生产和消费数据。此外，还有一个主进程来控制线程的创建和资源的初始化。

【例 5-23】生产者 – 消费者问题示例。

例 5-23 生产者 – 消费者问题

```
#include <stdio.h>
#include <stdlib.h>
#include <pthread.h>
#include <unistd.h>
#include <semaphore.h>

#define BUFFER_SIZE 5

int buffer[BUFFER_SIZE];
sem_t empty,full;
pthread_mutex_t mutex;

void *producer(void *arg){
      int item = 0;
      while(1){
            sleep(1);// 模拟生产过程
            sem_wait(&empty);

            pthread_mutex_lock(&mutex);
            buffer[item] = rand()% 100;
            printf("Produced:%d\n",buffer[item]);
            item =(item + 1)% BUFFER_SIZE;
            pthread_mutex_unlock(&mutex);
            sem_post(&full);
      }
}

void *consumer(void *arg){
      int item;
      while(1){
            sleep(1);// 模拟消费过程
            sem_wait(&full);
            pthread_mutex_lock(&mutex);
            item = buffer[item];
            printf("Consumed:%d\n",item);
            pthread_mutex_unlock(&mutex);
            sem_post(&empty);
      }
}

int main(){
```

```
    pthread_t producer_thread,consumer_thread;

    // 初始化信号量和互斥锁
    sem_init(&empty,0,BUFFER_SIZE);
    sem_init(&full,0,0);
    pthread_mutex_init(&mutex,NULL);

    // 创建生产者线程和消费者线程
    pthread_create(&producer_thread,NULL,producer,NULL);
    pthread_create(&consumer_thread,NULL,consumer,NULL);

    // 等待线程结束
    pthread_join(producer_thread,NULL);
    pthread_join(consumer_thread,NULL);

    // 销毁信号量和互斥锁
    sem_destroy(&empty);
    sem_destroy(&full);
    pthread_mutex_destroy(&mutex);

    return 0;
}
```

在例 5-23 中，使用 pthread 库创建了两个线程（生产者和消费者），它们共享一个有限大小的缓冲区来传递数据。生产者线程生成随机数并将其放入缓冲区，而消费者线程从缓冲区获取数据并处理它。主进程初始化信号量和互斥锁，然后创建和等待线程。

例 5-23 演示了进程（主进程）、线程（生产者和消费者线程）及多任务间（通过共享内存和信号量）通信设计。注意：这只是一个简单的示例，实际应用可能涉及更复杂的问题和更多的线程和进程。

5.5.2　数据库管理系统

数据库管理系统通常使用多进程或多线程来同时处理多个数据库查询请求。进程 / 线程之间需要共享数据库连接或查询结果。

下面通过例 5-24 演示如何使用多线程来处理多个数据库查询请求，以及如何在线程之间共享数据库连接和查询结果。在本例中，使用 SQLite 数据库，并使用 C 语言的 SQLite API 进行数据库操作。将创建一个数据库连接，并在多个线程中执行查询。线程之间通过共享数据库连接来访问数据库。

【例 5-24】用多线程来处理多个数据库的查询请求。

例 5-24　数据库管理系统

```
#include <stdio.h>
#include <stdlib.h>
#include <pthread.h>
#include <sqlite3.h>
```

```
sqlite3* db;// 共享的数据库连接

// 线程函数，执行数据库查询
void* query_thread(void* arg){
    const char* query =(const char*)arg;
    char* errmsg = 0;

    // 执行查询
    int rc = sqlite3_exec(db,query,0,0,&errmsg);
    if(rc!= SQLITE_OK){
        fprintf(stderr,"SQL error:%s\n",errmsg);
        sqlite3_free(errmsg);
    } else {
        printf("Query executed successfully:%s\n",query);
    }

    pthread_exit(NULL);
}

int main(){
    // 打开数据库连接
    int rc = sqlite3_open(":memory:",&db);// 使用内存中的数据库
    if(rc){
        fprintf(stderr,"Can't open database:%s\n",sqlite3_errmsg(db));
        return 1;
    }

    // 创建多个线程来执行查询
    pthread_t threads[3];
    const char* queries[3] = {
        "CREATE TABLE test(id INT,name TEXT);",
        "INSERT INTO test VALUES(1,'Alice');",
        "SELECT * FROM test;"
    };

    for(int i = 0;i < 3;i++){
        rc = pthread_create(&threads[i],NULL,query_thread,(void*)queries[i]);
        if(rc){
            fprintf(stderr,"Error creating thread:%d\n",rc);
            return 1;
        }
    }

    // 等待线程结束
    for(int i = 0;i < 3;i++){
        pthread_join(threads[i],NULL);
    }
```

```
    // 关闭数据库连接
    sqlite3_close(db);

    return 0;
}
```

在例 5-24 中，首先打开了一个 SQLite 内存数据库连接（:memory: 表示使用内存中的数据库）。然后，创建了 3 个线程，每个线程执行一个不同的数据库查询。这些线程共享相同的数据库连接，以便执行查询。

注意： 实际的数据库管理系统会更复杂，需要更多的错误处理和资源管理。本例仅用于演示多线程查询数据库的基本原理，在实际应用中，还需要考虑连接池、事务管理、线程安全性等问题。

5.5.3　游戏开发

游戏开发涉及复杂的图形渲染、声音处理和游戏逻辑，需要多线程来协同工作以实现流畅的游戏体验。例 5-25 演示了如何使用多线程来处理游戏逻辑和图形渲染，并使用线程间的消息队列进行通信。

在例 5-25 中，使用了 C++ 和标准库中的 std::thread 来创建游戏逻辑线程和渲染线程，并使用 std::mutex 来进行线程同步，线程之间通过消息队列（用 std::queue 模拟）来传递消息。

【例 5-25】使用多线程实现游戏开发。


```
#include <iostream>
#include <thread>
#include <mutex>
#include <queue>
#include <chrono>

// 模拟游戏逻辑线程
void gameLogicThread(std::mutex& mtx,std::queue<std::string>& messageQueue){
    while(true){
        std::this_thread::sleep_for(std::chrono::milliseconds(1000));// 模拟游戏逻辑计算
        std::string message = "Game Logic Update";
        {
            std::lock_guard<std::mutex> lock(mtx);
            messageQueue.push(message);
        }
    }
}

// 模拟图形渲染线程
void renderThread(std::mutex& mtx,std::queue<std::string>& messageQueue){
    while(true){
        std::this_thread::sleep_for(std::chrono::milliseconds(500));// 模拟图形渲染
```

```
            std::string message;
            {
                std::lock_guard<std::mutex> lock(mtx);
                if(!messageQueue.empty()){
                    message = messageQueue.front();
                    messageQueue.pop();
                }
            }
            if(!message.empty()){
                std::cout << "Rendering:" << message << std::endl;
            }
        }
}

int main(){
    std::mutex mtx;
    std::queue<std::string> messageQueue;

    // 创建游戏逻辑线程和渲染线程
    std::thread logicThread(gameLogicThread,std::ref(mtx),std::ref(messageQueue));
    std::thread renderThread(renderThread,std::ref(mtx),std::ref(messageQueue));

    // 等待线程结束
    logicThread.join();
    renderThread.join();

    return 0;
}
```


在例 5-25 中创建了两个线程：游戏逻辑线程和渲染线程。游戏逻辑线程模拟游戏逻辑的计算，而渲染线程模拟图形渲染。这两个线程之间通过共享的消息队列（messageQueue）进行通信，游戏逻辑线程生成消息并将其放入队列，渲染线程从队列中获取消息并进行渲染。

注意：实际的游戏引擎可能会使用更复杂的线程管理、图形渲染库和声音处理库来实现更高效的游戏开发。本例旨在演示多线程协同工作的基本原理。

习题

5-1 什么是嵌入式多任务？分别有哪些级别？

5-2 Linux 中的进程是什么？怎样启动和终止进程？

5-3 文件描述符的作用是什么？

5-4 fork() 函数和 exec() 函数族分别有什么作用？怎样使用它们？

5-5 信号在多任务通信中的作用是什么？怎样产生和处理信号？

5-6 多任务间通信和同步的设计中，管道和 FIFO 有什么区别？

第 6 章　基于 Cortex-A53 的嵌入式 Linux 网络编程

6.1　Linux 网络编程基础

6.1.1　Linux 网络编程的概念

Linux 网络编程是一项关键技术，它允许 Linux 操作系统在计算机网络中与其他设备进行交流和通信。在广袤的全球网络中，各种计算机像织成的网一样紧密相连。借助 Linux 网络编程，人们能像发送邮件或打电话一样，在这张网上快速地传递各种信息和数据。

计算机网络的重要性不言而喻，它将遍布世界各地的计算机连接起来，让人与人、机器与机器之间的沟通变得轻松而高效。

而在 Linux 操作系统上进行网络通信，则需要掌握 Linux 网络编程。这项技术能让 Linux 设备充分利用网络优势，实现快速、稳定、安全的数据传输。通过编写网络代码，人们可以像大厨烹饪出各种美味的食物一样提供各种网络服务，满足用户的各种需求。

6.1.2　Linux 网络编程基础知识

要进行 Linux 网络编程，首先需要了解一些相关基础概念和知识点。

1. 网络协议栈与 OSI 七层模型

把在网络中进行通信想象成打电话，网络协议栈就是这个通话过程中的一套规定，它让通信变得有条不紊。

网络协议栈可以看作一个分层结构，就像是搭积木一样，每一层都有特定的功能，而且各个层之间通过接口相连，这使得数据能够在各个层之间传递。每层都有自己的职责，从底层一步一步向上处理数据，最终实现网络通信。

为了更好地理解网络协议栈，可以使用 OSI 七层模型作为参考。OSI 七层模型的英文全称是 Open Systems Interconnection Reference Model，即“开放系统互连参考模型”。这个模型把网络通信过程划分成七个层次，每个层次都有自己的任务和职责。

下面来深入了解这个网络协议栈的层次结构。

第一层是最底层的物理层。物理层是网络协议栈的基础，负责处理最基本的数据传输。它将数据转换成原始的比特流，并通过物理媒介（如电缆、光纤等）将数据从一台计算机传输到另一台计算机。这个层次就好比打电话时的电话线，把声音传递给对方。

第二层是数据链路层。数据链路层负责将数据组织成小块的数据帧，并添加必要的控制信息，以确保数据在物理层上传输的可靠性。这一层就像是电话线上的传输协议，确保声音可以分割成小片，并且在传输过程中没有丢失。

第三层是网络层。网络层是整个网络协议栈中比较复杂的一层，它负责寻址和路由。在计算机网络中，每台计算机都有一个唯一的地址，就像是电话号码一样。网络层通过这些地址找到数据的目的地，并决定数据应该通过哪条路径进行传输，就好比根据电话号码找到对方的电话，并决定用哪个通信网络拨打电话。

第四层是传输层。传输层负责端到端的数据传输，并确保数据的可靠性和完整性。在网络通信中，数据可能会在多个网络节点之间传递，传输层就像在通话过程中保证对方能够听到说话内容，并且能够正确地给出回应。

第五层是会话层。会话层负责管理通信中的会话。在网络通信中，通常会有一系列的数据交换，会话层就像是在通话开始和结束时说一声“你好”和“再见”，确保通信的顺利进行。

第六层是表示层。表示层负责对数据进行格式转换和加密 / 解密。在不同的计算机之间，可能使用不同的数据格式来表示信息，表示层就像是在通话中使用特定的语言进行交流，让对方能够理解通话的内容。

第七层是应用层。应用层是网络协议栈的最顶层，负责处理具体的应用程序和网络之间的交互。就像在电话中谈论具体的内容，比如聊天、发邮件等。应用层提供了各种各样的网络服务，让人们能够进行各种在线活动，如浏览网页、发送电子邮件、进行视频通话等。

总的来说，网络协议栈是计算机网络通信的基石。它的分层结构让人们能够以一种有条理的方式进行网络通信，让不同的功能在各自的层面上独立实现。这种设计不仅提高了网络的可靠性和灵活性，而且也使得网络的维护和扩展更加容易。网络协议栈的工作原理虽然复杂，但是通过学习和实践，可以更好地理解和应用它，从而让网络通信更加高效、便捷、安全。

2. IP 地址和端口号

前面提到，在计算机网络中，每台计算机都有一个唯一的地址，就像是电话号码一样。IP 地址就是网络中计算机的唯一标识，而端口号则是用来标识计算机上的不同应用程序，就像是不同的服务窗口。在进行网络通信时，需要指定目标计算机的 IP 地址和端口号，这样数据才能准确地传递给指定的应用程序。

3. 服务器和客户端

在网络通信中，计算机可以扮演不同的角色。服务器是提供服务的计算机，就像是服务窗口一样；而客户端则是请求服务的计算机，就像是需要服务的顾客一样。在网络编程中，需要区分服务器和客户端的角色，并编写相应的程序来实现通信。

4. TCP 与 HTTP

（1）TCP

在 Linux 网络编程中，通常采用 TCP。TCP 是一种重要的网络通信协议，在互联网中起着非常关键的作用。TCP 的全称是传输控制协议（Transmission Control Protocol），是一种用来在计算机网络中进行可靠数据传输的协议。可以把 TCP 比喻成在互联网上的一对可靠传送信使。它的主要工作就是把要传输的数据分割成一个个小的数据包，并确保这些数据包能够按照正确的顺序被送到目的地。

TCP 的工作过程非常细致且有序。首先，当需要发送数据时，TCP 会把数据拆分成一个个小的数据包，就像是把长篇文章分成一句一句话一样，这样有利于传输和处理。然后，TCP 会为每个数据包标上序号，这样接收方就能知道数据包的正确顺序，就像是信使把信封编号，确保信件不会乱。接着，TCP 会向接收方发送这些数据包，同时跟踪每个数据包的状态，一旦发现有数据包丢失或者出错，TCP 会请求重新发送，直到数据包正确到达为止。这就像是信使在投递信件时，如果发现信件丢失或者损坏，会努力找回或修补重发，直到确保信件完好送达。

通过这样的过程，TCP 保证了在互联网上传输的数据能够可靠送达。无论是发送电子邮件、浏览网页，还是观看视频，TCP 都能确保数据的准确传递，让人们在互联网上的交流和信息共享变得十分可靠和顺畅。

此外，TCP 还具有一些其他特性，比如拥塞控制和流量控制。拥塞控制是指在网络拥堵时，TCP 会根据网络的状况调整数据传输的速率，避免造成网络拥塞和数据丢失。这就像在交通高峰期，驾驶人会减速行驶，避免交通堵塞一样。流量控制则是指 TCP 会根据接收方的处理能力，调整数据发送的速率，确保接收方能够及时处理接收到的数据，避免数据的积压和浪费。这就像是快递员根据收件人的接收能力控制投递速度，保证收件人能够及时收到快递一样。

（2）HTTP

HTTP 的全称是超文本传送协议（Hypertext Transfer Protocol），是一种用于在计算机网络中进行超文本数据传输的协议。可以将 HTTP 比作在互联网上传递网页和资源的规则和标准。它的主要工作是定义了客户端和服务器之间的通信方式，使得人们能够请求和获取网页、图片、视频等资源，并将这些资源显示在浏览器中。

HTTP 的工作过程也非常有序和规范。当在浏览器中输入网址或单击链接时，浏览器会发起 HTTP 请求，请求特定的资源。这就像在餐厅向服务员点菜一样。服务器收到请求后，会根据请求的内容查找相应的资源，并将这些资源打包成 HTTP 响应送回浏览器。这就像餐厅准备好食物后，服务员将食物送到餐桌上一样。

HTTP 的请求和响应都遵循特定的格式，包括请求行、请求头、请求体等。该格式定义了请求的类型、资源的位置、请求的参数等信息，确保服务器能够准确地理解客户端的需求，并做出相应的响应。这就像点菜时，要告诉服务员要的菜的名称、分量、口味等要求一样。

通过 HTTP，人们可以在浏览器中访问网页、搜索信息、观看视频等。它使得人们可以在互联网上进行高效的信息共享和交流。无论是学习知识、获取新闻、购物还是娱乐，HTTP 都是人们日常使用互联网的基础协议。

总之，HTTP 是一种用于在互联网中进行超文本数据传送的重要协议。它定义了客户端和服务器之间的通信规则，使得人们能够在浏览器中访问网页和获取各种资源。通过 HTTP，人们在互联网上传递信息和获取资源变得非常便捷和高效。

（3）TCP 与 HTTP 的区别

HTTP 和 TCP 是网络编程中的两个不同层次的协议，它们有以下一些区别。

1）层次不同。TCP 属于传输层协议，而 HTTP 属于应用层协议。

2）功能不同。TCP 主要负责在网络中可靠地传输数据。它提供了数据分段、传输控制、流量控制、拥塞控制等功能，确保数据可靠地传递到目的地。而 HTTP 是一种应用层协议，它是建立在 TCP 之上的，主要用于在客户端和服务器之间传输超文本数据，实现 Web 应用程序的通信。

3）状态性不同。TCP 是一种面向连接的协议，它在数据传输前需要先建立连接，然后进行数据传输，传输完毕后再关闭连接。因此，TCP 是一种有状态的协议。而 HTTP 是一种无状态协议，每个 HTTP 请求都是独立的，服务器不会保存客户端的状态信息。

4）端口号不同。在传输层中，TCP 使用端口号来标识不同的应用程序或服务。HTTP 使用 TCP 作为传输层协议，通常使用默认的 HTTP 端口号 80 进行通信。

5）应用场景不同。TCP 是一个通用的传输协议，被广泛用于各种网络通信，包括 HTTP 在内的许多应用层协议都依赖于 TCP 进行数据传输。HTTP 主要用于在 Web 应用程序中传输超文本数据，如网页内容、图片、视频等。

5. 套接字（Socket）和 Socket 编程

套接字是进行网络通信的基本工具，就像是人们在打电话时用来说话的嘴巴和用来听的耳朵，它用于发送和接收数据。在 Linux 中，套接字可以看作一个特殊的文件描述符，通过它可以在网络中建立连接，发送和接收数据。在 Socket 编程中，通过创建一个 Socket 对象，可以实现网络上不同主机之间的数据交换。通信的两个端点分别为服务器端和客户端，服务器端的 Socket 对象用于接收客户端请求，客户端的 Socket 对象则用于向服务器端发送请求。Socket 编程是一种应用广泛的网络编程技术，在互联网应用程序的开发中得到了广泛的应用。

关于 Socket 编程将会在 6.2 节中详细介绍，并以实例进行展开说明。下面先来介绍套接字类型、Socket 编程模型及地址族。

（1）套接字类型

在网络编程中，有两种常见的套接字类型，它们分别是流套接字（SOCK_STREAM）和数据报套接字（SOCK_DGRAM）。这两种套接字就像两种不同的传输方式。

流套接字就像是一条有序的、可靠的通道，它要求在通信之前先建立连接，就像打电话前要先拨号建立连接一样。在使用流套接字进行通信时，数据会被分割成一小块一小块的，然后按照顺序重新组装，这样就保证了数据传输的完整性和可靠性。这种方式通常适用于需要传输大量数据或者要求数据传输不出错的场景，比如浏览网页、传输文件等。

数据报套接字是一种简单快捷的通信方式，不需要建立连接，它就像发送短信一样，直接发送即可。但是，这种方式不保证数据传输的可靠性，有可能数据传输会出现一些错误。与流套接字相同，数据报套接字也会把数据分割成一小块一小块的，然后重新组装。这种方式通常适用于需要快速传输少量数据的场景，比如实时音 / 视频传输、通知传输等。

总之，流套接字是一种可靠的通信方式，需要先建立连接，适用于传输大量数据或要求数据传输可靠的场景；而数据报套接字是一种简单快捷的通信方式，不需要建立连接，适用于传输少量数据或需要快速传输数据的场景。这两种套接字类型都是网络编程中常见的，可以根据不同的需求进行选择。

（2）Socket 编程模型

在 Socket 编程中有两种常见的模型，它们是阻塞式 I/O 模型和非阻塞式 I/O 模型。

在阻塞式 I/O 模型中，当程序调用 Socket() 函数时，程序会一直等待，直到数据传输完成后才会继续执行后续的程序。这种方式简单易懂，但可能会导致程序的性能问题。如果在数据传输过程中出现错误或者遇到阻塞情况，整个程序都会被阻塞，无法执行其他任务。

在非阻塞式 I/O 模型中，程序在进行 Socket 通信时，不会等待数据传输完成，而是直接返回数据传输的状态。这样做的好处是可以提高程序的并发性能，允许程序同时处理多个任务。然而，相对于阻塞式 I/O 模型，实现非阻塞式 I/O 模型可能需要更多的技巧，复杂性也更高。

总之，阻塞式 I/O 模型会一直等待数据传输完成，简单易懂但可能会导致程序性能问题；而非阻塞式 I/O 模型可以提高并发性能，但需要更多的实现技巧。在实际的网络编程中，可以根据需要选择适合的模型来实现通信。了解这两种模型有助于更好地理解 Socket 编程的特点和优势。

（3）地址族

在 Socket 编程中，地址族是用于标识网络地址的地址格式。不同的地址族对应不同的网络协议，常见的地址族有 IPv4、IPv6 和 UNIX 域协议。

IPv4 是目前应用最广泛的地址族。它采用 32 位二进制数来标识网络节点，通常表示为 4 个十进制数，比如 192.168.0.1。IPv4 的地址表示方式简单易懂，但由于地址空间有限，随着互联网的发展，IPv4 的地址资源逐渐紧张。

IPv6 是新一代的网络协议，采用 128 位二进制数来标识网络节点，通常表示为 8 组 4 位十六进制数，比如 2001:0db8:85a3:0000:0000:8a2e:0370:7334。IPv6 的地址空间极其庞大，可以满足互联网快速发展的需求，是未来网络的发展趋势。

此外，UNIX 域协议主要用于进程间通信。它使用的地址族为 AF_UNIX，地址被表示为一个字符串，通常是一个文件路径，比如 /tmp/my_Socket。这种地址表示方式在本地通信时非常方便，可以让进程之间快速传递消息和数据。

在进行 Socket 编程时，需要根据具体的网络协议来选择合适的地址族，就像是选择合适的地址格式来寄信一样。而在使用套接字的各种函数时，也需要使用对应的地址结构，就像是按照不同的邮寄规则来填写地址一样。

6.2　嵌入式 Linux 网络编程

6.1 节中详细介绍了关于 Linux 网络编程的概念和基础知识，本节将从嵌入式 Linux 系统出发，介绍嵌入式 Linux 网络编程的网络配置、调试优化，以及 Socket 编程实例。

6.2.1 嵌入式 Linux 系统的网络配置

无论在哪种系统上进行网络编程，都需要进行网络配置。在计算机世界里，嵌入式 Linux 系统是一个广泛应用的嵌入式操作系统，它能够高效、稳定地运行在嵌入式设备上。在嵌入式 Linux 系统中，网络配置是一个非常重要的工作，它允许嵌入式设备通过网络与其他设备进行通信，从而实现更多的应用场景。

1. 静态 IP 地址的配置

所谓静态 IP 地址，就是为设备分配的固定 IP 地址。它的优点是非常稳定可靠，不会受到其他动态 IP 地址分配方式的影响。在嵌入式 Linux 系统中，可以通过修改网络配置文件来配置静态 IP 地址。一般情况下，网络配置文件的路径是 /etc/network/interfaces。

下面是 Orange Pi 3 LTS 开发板网络配置文件示例。

```
auto eth0
iface eth0 inet static
address 192.168.1.100
netmask 255.255.255.0
gateway 192.168.1.1
```

在这个示例中，eth0 是网络接口的名称，static 表示使用静态 IP 地址，address 表示 IP 地址，netmask 表示子网掩码，gateway 表示默认网关。

2. 动态 IP 地址的获取

动态主机配置协议（DHCP）是一种自动分配 IP 地址的协议。在 DHCP 服务器上配置好 IP 地址池和其他参数后，当设备连接网络时，它会向 DHCP 服务器发送请求，从而获取一个可用的 IP 地址。在嵌入式 Linux 系统中，可以通过修改网络配置文件，将其中的“static”改为“dhcp”，以实现使用 DHCP 获取 IP 地址。

下面是 Orange Pi 3 LTS 开发板 DHCP 配置文件示例。

```
auto eth0
iface eth0 inet dhcp
```

在上述示例中，eth0 是网络接口名称，dhcp 表示使用 DHCP 方式获取 IP 地址。

3. 网络服务的配置

在嵌入式 Linux 系统中，网络服务可以通过配置文件进行设置。这些网络服务配置文件一般存放在 /etc/ 目录下的 conf.d 或 init.d 目录中。在网络服务配置文件中，可以指定服务的监听端口、服务类型等信息，以便设备能够运行各种网络服务，比如 Web 服务器、FTP 服务器等，从而提供更多的网络功能和服务。

下面是 Orange Pi 3 LTS 开发板网络服务配置文件示例。

```
# /etc/conf.d/myserver

# listen on all interfaces
ADDRESS=
```

```
# specify port number
PORT=8080

# specify service type
TYPE=http
```

通过这个示例可以看到，配置了一个名为“myserver”的网络服务，它监听 8080 端口，服务类型为 http。

综上所述，嵌入式 Linux 系统的网络配置非常重要，能够为嵌入式设备提供更多的应用场景。在实际应用中，需要根据具体的需求进行网络配置，以满足不同的应用场景。网络配置让嵌入式设备能够与其他设备轻松通信，实现数据交换和信息共享。

6.2.2　嵌入式 Linux 系统下的网络调试与优化

网络配置完成后，需要对网络进行调试与优化。在嵌入式 Linux 系统中进行网络调试和优化可以提高系统的性能和可靠性。下面介绍几种常用的网络调试与优化命令和技巧。

1. ifconfig 命令

ifconfig 命令非常强大，用于配置和查询网络接口的状态。比如，可以使用 ifconfig 命令来查看网络接口的 IP 地址、子网掩码和 MAC 地址等信息。例如，在 Linux 终端窗口执行命令：

```
$ ifconfig eth0
```

将出现如下类似的结果。

```
eth0:flags=4163<UP,BROADCAST,RUNNING,MULTICAST>  mtu 1500
        inet 192.168.1.100  netmask 255.255.255.0  broadcast 192.168.1.255
        inet6 fe80::1234:abcd:ef01:2345  prefixlen 64  scopeid 0x20<link>
        ether 00:0c:29:3e:5b:7c  txqueuelen 1000 (Ethernet)
        RX packets 401128  bytes 45548032(43.4 MiB)
        RX errors 0  dropped 0  overruns 0  frame 0
        TX packets 1897  bytes 193840(189.1 KiB)
        TX errors 0  dropped 0 overruns 0  carrier 0  collisions 0
```

通过修改 ifconfig 的相关参数，可以进行网络优化。例如，可以通过调整 MTU 值来提高网络吞吐量。MTU 值是指网络数据包的最大传输单元，可以尝试增大 MTU 值，从而减少数据包的数量，提高数据传输效率。

2. tcpdump 命令

通过 tcpdump 命令可以抓取网络中传输的数据包，并对其进行过滤和分析。比如，可以使用 tcpdump 命令来分析网络数据包的大小、延迟等信息，以发现网络瓶颈和性能问题。例如，在 Linux 终端窗口执行命令：

```
tcpdump -i eth0
```

将出现如下类似的结果。

```
listening on eth0,link-type EN10MB(Ethernet),capture size 262144 bytes
12:34:56.789123 IP 192.168.1.100.4321 > 203.0.113.1.80:Flags [S],seq 1234567890,win 64240,options
[mss 1460,sackOK,TS val 9876543 ecr 0,nop,wscale 7],length 0
12:34:56.789234 IP 203.0.113.1.80 > 192.168.1.100.4321:Flags [S.],seq 34567890,ack 1234567891,win
65160,options [mss 1460,sackOK,TS val 1234567 ecr 9876543,nop,wscale 7],length 0
12:34:56.789345 IP 192.168.1.100.4321 > 203.0.113.1.80:Flags [.],ack 1,win 502,options [nop,nop,TS
val 9876544 ecr 1234567],length 0
```

可见，捕获了 eth0 接口的所有网络数据包，并在终端上显示出来，有助于了解网络传输情况。

3. ping 命令

ping 命令用于测试网络的连通性和延迟，有助于快速定位网络故障和问题。比如，可以使用 ping 命令向远程主机发送数据包，并测量数据包的往返时间。例如，在 Linux 终端窗口执行命令：

```
$ ping www.google.com
```

将出现如下类似的结果。

```
PING www.google.com(172.217.175.68)56(84)bytes of data.
64 bytes from lga25s63-in-f4.1e100.net(172.217.175.68):icmp_seq=1 ttl=56 time=10.1 ms
64 bytes from lga25s63-in-f4.1e100.net(172.217.175.68):icmp_seq=2 ttl=56 time=11.2 ms
64 bytes from lga25s63-in-f4.1e100.net(172.217.175.68):icmp_seq=3 ttl=56 time=9.83 ms
```


通过修改 ping 参数，可以进行网络优化，如增加 ping 包的数量和大小，可以更好地了解网络状况和性能瓶颈。

4. 调整系统参数

在嵌入式 Linux 系统中，可以通过调整一些系统参数来优化网络性能。例如，修改 TCP 缓冲区大小、增加系统的最大文件描述符数等。这些调整有助于提高网络吞吐量和响应速度，但需要根据具体情况进行调整和测试。比如，可以通过在 Linux 终端窗口执行以下命令来调整 TCP 缓冲区大小。

```
$ sysctl -w net.ipv4.tcp_rmem='4096 87380 16777216'
$ sysctl -w net.ipv4.tcp_wmem='4096 16384 16777216'
```

上述命令会修改 TCP 的接收和发送缓冲区大小，从而优化网络性能。

5. 增加硬件资源

在嵌入式 Linux 系统中，网络性能的瓶颈可能是由于硬件资源不足导致的，因此，可以通过增加硬件资源来提高网络性能。例如，增加网卡数量或增加处理器数量等。这些硬件资源的增加可以显著提高网络吞吐量和响应速度，但同样需要根据具体情况进行调整和测试。

总之，网络调试和优化是嵌入式 Linux 系统中重要的一环，需要掌握一些常用的命令工具和技巧，并针对具体应用场景进行调整和测试，以提高系统的性能和可靠性。

6.2.3　基于 TCP 的 Socket 编程实例

网络配置好后，在网络连接的情况下，便可进行网络通信。在嵌入式 Linux 系统中，Socket 编程是实现网络通信的一种常见方式。下面通过实例介绍基于 TCP 的 Socket 编程的基本步骤，以及服务器和客户端的编程实现。

1. Socket 编程的基本步骤

（1）创建 Socket 对象

使用 TCP 进行网络编程的第一步是创建 Socket 对象，可以使用 Socket() 函数创建 Socket 对象。该函数需要指定 Socket 的地址族、套接字类型和协议类型等。Socket() 函数的原型如下：

```
int Socket(int domain,int type,int protocol);
```

其中，domain 指定通信域；type 指定通信类型；protocol 指定协议类型。在 TCP/IP 中，domain 通常为 AF_INET，type 通常为 SOCK_STREAM，protocol 通常为 0。

【例 6-1】创建 Socket 对象。

```
#include <sys/types.h>
#include <sys/Socket.h>
int main()
{
    int sockfd = Socket(AF_INET,SOCK_STREAM,0);
    if(sockfd == -1){
        printf("create Socket failed\n");
        return -1;
    }
    return 0;
}
```

例 6-1　创建 Socket 对象

（2）绑定 Socket

在创建完 Socket 对象之后，需要将该 Socket 对象与本地 IP 地址和端口号进行绑定，这样才能够完成网络通信。在 Linux 系统中，可以使用 bind() 函数进行绑定。bind() 函数的原型如下：

```
int bind(int sockfd,const struct sockaddr *addr,socklen_t addrlen);
```

其中，sockfd 为之前创建的 Socket 对象的文件描述符；addr 为一个指向结构体的指针，该结构体描述了要绑定的 IP 地址和端口号；addrlen 为该结构体的长度。

【例 6-2】绑定 Socket。

```
#include <sys/types.h>
#include <sys/Socket.h>
#include <netinet/in.h>
int main()
{
```

例 6-2　绑定 Socket

```
    int sockfd = Socket(AF_INET,SOCK_STREAM,0);
    if(sockfd == -1){
        printf("create Socket failed\n");
        return -1;
    }

    struct sockaddr_in addr;
    memset(&addr,0,sizeof(addr));
    addr.sin_family = AF_INET;
    addr.sin_port = htons(8080);
    addr.sin_addr.s_addr = htonl(INADDR_ANY);

    int ret = bind(sockfd,(struct sockaddr *)&addr,sizeof(addr));
    if(ret == -1){
        printf("bind Socket failed\n");
        return -1;
    }
    return 0;
}
```

（3）监听 Socket

在将 Socket 对象绑定到本地 IP 地址和端口号之后，需要使用 listen() 函数将 Socket 对象设置为监听状态，等待客户端的连接。当创建了一个监听套接字之后，就可以开始等待客户端的连接请求。在等待期间，程序将会阻塞于 accept()，accept() 函数将会返回一个新的文件描述符，这个文件描述符用于与新连接的客户端通信。

【例 6-3】创建一个监听套接字并等待客户端连接。

例 6-3　创建监听套接字

```
#include <stdio.h>
#include <stdlib.h>
#include <string.h>
#include <unistd.h>
#include <sys/Socket.h>
#include <arpa/inet.h>
int main()
{
    int listen_fd,client_fd;
    struct sockaddr_in serv_addr,client_addr;
    socklen_t client_addr_len = sizeof(client_addr);
    char buffer[1024];
    // 创建一个 TCP 监听套接字
    if((listen_fd = Socket(AF_INET,SOCK_STREAM,0))< 0){
        perror("Socket error");
        exit(EXIT_FAILURE);
    }
    // 初始化服务器地址结构体
    memset(&serv_addr,0,sizeof(serv_addr));
```

```
    serv_addr.sin_family = AF_INET;
    serv_addr.sin_addr.s_addr = htonl(INADDR_ANY);
    serv_addr.sin_port = htons(8080);
    // 将监听套接字绑定到指定的端口上
    if(bind(listen_fd,(struct sockaddr *)&serv_addr,sizeof(serv_addr))< 0){
        perror("bind error");
        exit(EXIT_FAILURE);
    }
    // 开始监听连接请求
    if(listen(listen_fd,5)< 0){
        perror("listen error");
        exit(EXIT_FAILURE);
    }
    printf("Server started,waiting for connections...\n");
    // 等待客户端连接
    if((client_fd = accept(listen_fd,(struct sockaddr *)&client_addr,&client_addr_len))< 0){
        perror("accept error");
        exit(EXIT_FAILURE);
    }
    printf("Client connected:%s:%d\n",inet_ntoa(client_addr.sin_addr),ntohs(client_addr.sin_port));
    // 接收客户端发送的数据
    int n = recv(client_fd,buffer,sizeof(buffer),0);
    if(n > 0){
        buffer[n] = '\0';
        printf("Received data from client:%s\n",buffer);
    }
    close(client_fd);
    close(listen_fd);
    return 0;
}
```

在上述代码中，首先创建了一个 TCP 监听套接字，并将其绑定到本地的 8080 端口；然后，开始等待客户端连接，并在有客户端连接时输出客户端的 IP 地址和端口号；接着，接收客户端发送的数据并显示出来；最后，关闭客户端的连接和监听套接字。

（4）接受连接

当监听成功后，程序就开始等待客户端的连接请求。当客户端向服务器发送连接请求时，服务器就会接受连接请求，建立与客户端之间的通信通道。这时服务器端会返回一个新的 Socket，该 Socket 就是服务器和客户端进行数据传输的通道。

【例 6-4】编写 TCP 服务器端代码，监听客户端的连接请求并返回一条简单的消息。

```
#include <stdio.h>
#include <stdlib.h>
#include <unistd.h>
#include <string.h>
```

例 6-4　TCP 服务器端代码

```
#include <sys/Socket.h>
#include <arpa/inet.h>
#define PORT 8080
int main(int argc,char const *argv[]){
    int server_fd,new_Socket,valread;
    struct sockaddr_in address;
    int opt = 1;
    int addrlen = sizeof(address);
    char buffer[1024] = {0};
    char *hello = "Hello from server";
    // 创建 Socket
    if((server_fd = Socket(AF_INET,SOCK_STREAM,0))== 0){
        perror("Socket failed");
        exit(EXIT_FAILURE);
    }
    // 设置 Socket 选项
    if(setsockopt(server_fd,SOL_SOCKET,SO_REUSEADDR | SO_REUSEPORT,
        &opt,sizeof(opt))){
        perror("setsockopt");
        exit(EXIT_FAILURE);
    }
    // 绑定 Socket 到端口
    address.sin_family = AF_INET;
    address.sin_addr.s_addr = INADDR_ANY;
    address.sin_port = htons(PORT);
    if(bind(server_fd,(struct sockaddr *)&address,
        sizeof(address))<0){
        perror("bind failed");
        exit(EXIT_FAILURE);
    }
    // 设置监听套接字
    if(listen(server_fd,3)< 0){
        perror("listen");
        exit(EXIT_FAILURE);
    }
    // 等待客户端连接请求
    if((new_Socket = accept(server_fd,(struct sockaddr *)&address,
      (socklen_t*)&addrlen))<0){
        perror("accept");
        exit(EXIT_FAILURE);
    }
    // 从客户端读取数据
    valread = read(new_Socket,buffer,1024);
    printf("%s\n",buffer);
    // 向客户端发送消息
```

```
    send(new_Socket,hello,strlen(hello),0);
    printf("Hello message sent\n");
    return 0;
}
```

在服务器运行该程序后，会在指定的端口 8080 上监听客户端连接请求。当有客户端连接时，服务器会接收客户端发送的数据，并将收到的数据输出在控制台上，然后服务器会向客户端发送欢迎消息“Hello from server”。客户端收到欢迎消息后，程序会输出“Hello message sent”语句，表示消息发送成功。在客户端连接结束后，服务器会继续监听其他客户端连接请求。

至此，完整地介绍了基于 TCP 的 Socket 编程步骤，读者可以自行在 Linux 系统上进行程序验证，加深学习。

2. Orange Pi 3 LTS 开发板 Socket 编程实例

【例 6-5】在 Orange Pi 3 LTS 开发板上编写一个简单的 Socket 服务器程序。

例 6-5　开发板 Socket 编程实例

```
import socket

# 定义 IP 地址和端口号
HOST = '127.0.0.1'
PORT = 8888

# 创建 socket 对象
server_socket = socket.socket(socket.AF_INET,socket.SOCK_STREAM)

# 绑定 IP 地址和端口号
server_socket.bind((HOST,PORT))

# 监听连接请求
server_socket.listen(5)
print(' 等待客户端连接 ...')

while True:
    # 接受客户端连接
    client_socket,addr = server_socket.accept()
    print(' 客户端已连接 :',addr)

    # 接受客户端消息并返回
    while True:
        data = client_socket.recv(1024).decode()
        if not data:
            break
        print(' 收到消息 :',data)
        client_socket.sendall(('Server received:' + data).encode())
```

```
# 关闭客户端连接
client_socket.close()
```

这个程序首先创建了一个 socket 对象，然后绑定了 IP 地址和端口号，并开始监听连接请求。在进入主循环后，它会不断接受客户端连接，并接收客户端发送的消息。在接收到消息后，它会返回一条确认消息。当客户端关闭连接时，它会关闭客户端的 Socket 连接。

6.3 Orange Pi 3 LTS 网络连接

本书所有实例均在 Orange Pi 3 LTS 开发板上进行测试验证，因此，本节主要介绍如何在 Orange Pi 3 LTS 开发板上进行网络连接测试。

6.3.1 以太网口测试

首先将网线插入开发板的以太网接口，并确保网络是畅通的。系统启动后会通过 DHCP 自动给以太网卡分配 IP 地址，不需要其他任何配置。查看 IP 地址的命令如下：

```
orangepi@orangepi: ~ $ ip addr show eth0
```

开发板启动后查看 IP 地址有以下三种方法。

1）接 HDMI 显示器，然后登录系统使用“ip addr show eth0”命令查看 IP 地址。

2）在调试串口终端输入“ip addr show eth0”命令来查看 IP 地址。

3）如果没有调试串口，也没有 HDMI 显示器，还可以通过路由器的管理界面来查看开发板网口的 IP 地址。不过经常会无法正常看到开发板的 IP 地址。如果看不到，调试方法如下：首先检查 Linux 系统是否已经正常启动，如果开发板的绿灯亮了，说明已正常启动，如果只亮红灯，或者红灯绿灯都没亮，都说明系统没有正常启动；再检查网线有没有插紧，或者换根网线试一下；接下来尝试更换一个路由器（路由器的问题有很多，比如路由器无法正常分配 IP 地址，或者已正常分配 IP 地址但在路由器中看不到），如果没有路由器可换就只能连接 HDMI 显示器或者使用调试串口来查看 IP 地址。

需要注意的是，开发板 DHCP 自动分配 IP 地址是不需要任何设置的。

测试网络连通性的命令如下（ping 命令可以通过按 <Ctrl+C> 快捷键来中断运行）：

```
orangepi@orangepi: ~ $ ping www.baidu.com –I eth0
```

正确输入命令则会显示：

```
PING www.a.shifen.com(14.215.177.38)from 192.168.1.12 eth0:56(84)bytes of data. 64 bytes from 14.215.177.38(14.215.177.38):icmp_seq=1 ttl=56 time=6.74 ms
64 bytes from 14.215.177.38(14.215.177.38):icmp_seq=2 ttl=56 time=6.80 ms
64 bytes from 14.215.177.38(14.215.177.38):icmp_seq=3 ttl=56 time=6.26 ms
64 bytes from 14.215.177.38(14.215.177.38):icmp_seq=4 ttl=56 time=7.27 ms ^C
--- www.a.shifen.com ping statistics --- 4 packets transmitted,4 received,0% packet loss,time 3002ms
rtt min/avg/max/mdev = 6.260/6.770/7.275/0.373 m
```

6.3.2　WiFi 连接测试

注意： 不要通过修改 /etc/network/interfaces 配置文件的方式来连接 WiFi，通过这种方式连接 WiFi 网络使用会有问题。

1. 服务器版镜像通过命令连接 WiFi

当开发板没有连接以太网，也没有连接 HDMI 显示屏，而只连接了串口时，推荐使用下面介绍的命令来连接 WiFi。因为 nmtui 在某些串口软件（如 minicom）中只能显示字符，无法正常显示图形界面。当然，如果开发板连接了以太网或者 HDMI 显示屏，也可以使用这些命令来连接 WiFi。

1）登录 Linux 系统。有下面三种方式。

方式一：如果开发板连接了网线，可以通过 SSH 远程登录 Linux 系统。

方式二：如果开发板连接好了调试串口，可以使用串口终端登录 Linux 系统。

方式三：如果开发板连接到 HDMI 显示器，可以通过 HDMI 终端登录 Linux 系统。

2）使用下面的“nmcli dev wifi”命令扫描周围的 WiFi 热点，结果如图 6-1 所示。

```
orangepi@orangepi: ~ $ nmcli dev wifi
```

```
root@orangepi:~# nmcli dev wifi
IN-USE  BSSID              SSID         MODE   CHAN  RATE        SIGNAL  BARS  SECURITY
        28:6C:07:6E:87:2E  orangepi     Infra  9     260 Mbit/s  97            WPA1 WPA2
        D8:D8:66:A5:BD:D1               Infra  10    270 Mbit/s  90            WPA1 WPA2
        A0:40:A0:A1:72:20               Infra  4     405 Mbit/s  82            WPA2
        28:6C:07:6E:87:2F  orangepi_5G  Infra  149   540 Mbit/s  80            WPA1 WPA2
        CA:50:E9:89:E2:44               Infra  1     130 Mbit/s  79            WPA1 WPA2
        A0:40:A0:A1:72:31               Infra  100   405 Mbit/s  67            WPA2
        D4:EE:07:08:A9:E0               Infra  4     130 Mbit/s  55            WPA1 WPA2
        88:C3:97:49:25:13               Infra  6     130 Mbit/s  52            WPA1 WPA2
        00:BD:82:51:53:C2               Infra  12    130 Mbit/s  49            WPA1 WPA2
        C0:61:18:FA:49:37               Infra  149   270 Mbit/s  47            WPA1 WPA2
        04:79:70:8D:0C:B8               Infra  153   270 Mbit/s  47            WPA2
        04:79:70:FD:0C:B8               Infra  153   270 Mbit/s  47            WPA2
        9C:A6:15:DD:E6:0C               Infra  10    270 Mbit/s  45            WPA1 WPA2
        B4:0F:3B:45:D1:F5               Infra  48    270 Mbit/s  45            WPA1 WPA2
        E8:CC:18:4F:7B:44               Infra  157   135 Mbit/s  45            WPA1 WPA2
        80:95:8E:D8:2F:ED               Infra  11    405 Mbit/s  39            WPA1 WPA2
        C0:61:18:FA:49:36               Infra  11    270 Mbit/s  24            WPA1 WPA2
root@orangepi:~#
```

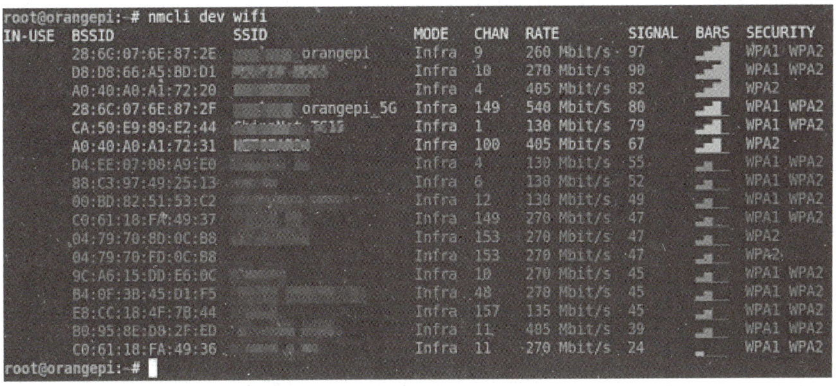

图 6-1　扫描周围的 WiFi 热点

3）使用 nmcli 命令连接扫描到的 WiFi 热点。

```
nmcli dev wifi connect wifi_name password wifi_passwd
```

其中，wifi_name 需要换成要连接的 WiFi 热点的名字；wifi_passwd 需要换成要连接的 WiFi 热点的密码。

正确输入命令则会显示如下信息。

```
Device 'wlan0' successfully activated with 'cf937f88-ca1e-4411-bb50-61f402eef293'.
```

4）通过“ip addr show wlan0”命令可以查看 WiFi 的 IP 地址。

正确输入命令则会显示如下信息。

```
11:wlan0:<BROADCAST,MULTICAST,UP,LOWER_UP> mtu 1500 qdisc pfifo_fast
state UP group default qlen 1000
link/ether 23:8c:d6:ae:76:bb brd ff:ff:ff:ff:ff:ff
```

```
inet 192.168.1.11/24 brd 192.168.1.255 scope global dynamic noprefixroute wlan0
valid_lft 259192sec preferred_lft 259192sec
inet6 240e:3b7:3240:c3a0:c401:a445:5002:ccdd/64 scope global dynamic
noprefixroute
valid_lft 259192sec preferred_lft 172792sec
inet6 fe80::42f1:6019:a80e:4c31/64 scope link noprefixroute
valid_lft forever preferred_lft forever
```

5）使用 ping 命令可以测试 WiFi 网络的连通性（ping 命令可以通过按 <Ctrl+C> 快捷键来中断运行）。

```
ping www.orangepi.org –I wlan0
```

正确输入命令则会显示如下信息。

```
PING www.orangepi.org(182.92.236.130)from 192.168.1.49 wlan0:56(84)bytes of
data. 64 bytes from 182.92.236.130(182.92.236.130):icmp_seq=1 ttl=52 time=43.5 ms
64 bytes from 182.92.236.130(182.92.236.130):icmp_seq=2 ttl=52 time=41.3 ms
64 bytes from 182.92.236.130(182.92.236.130):icmp_seq=3 ttl=52 time=44.9 ms
64 bytes from 182.92.236.130(182.92.236.130):icmp_seq=4 ttl=52 time=45.6 ms
64 bytes from 182.92.236.130(182.92.236.130):icmp_seq=5 ttl=52 time=48.8 ms ^C
--- www.orangepi.org ping statistics --- 5 packets transmitted,5 received,0% packet loss,time 4006ms
rtt min/avg/max/mdev = 41.321/44.864/48.834/2.484 ms
```


2. 服务器版镜像通过图形化方式连接 WiFi

1）登录 Linux 系统。有下面三种方式。

方式一：如果开发板连接了网线，可以通过 SSH 远程登录 Linux 系统。

方式二：如果开发板连接好了调试串口，可以使用串口终端登录 Linux 系统（串口软件使用 MobaXterm，使用 minicom 无法显示图形界面）。

方式三：如果开发板连接到 HDMI 显示器，可以通过 HDMI 终端登录到 Linux 系统。

2）使用 nmtui 命令打开 WiFi 连接界面，如图 6-2 所示。

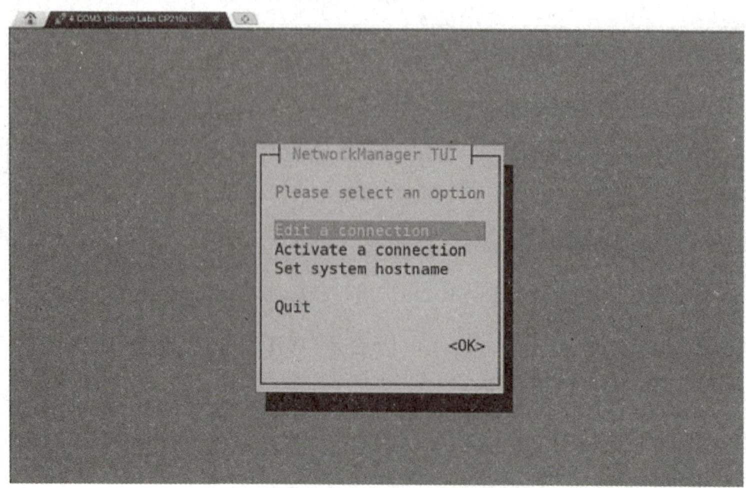

图 6-2　输入 nmtui 命令打开的界面

3）选择 Activate a connection（见图 6-3）选项，并按 <Enter> 键。

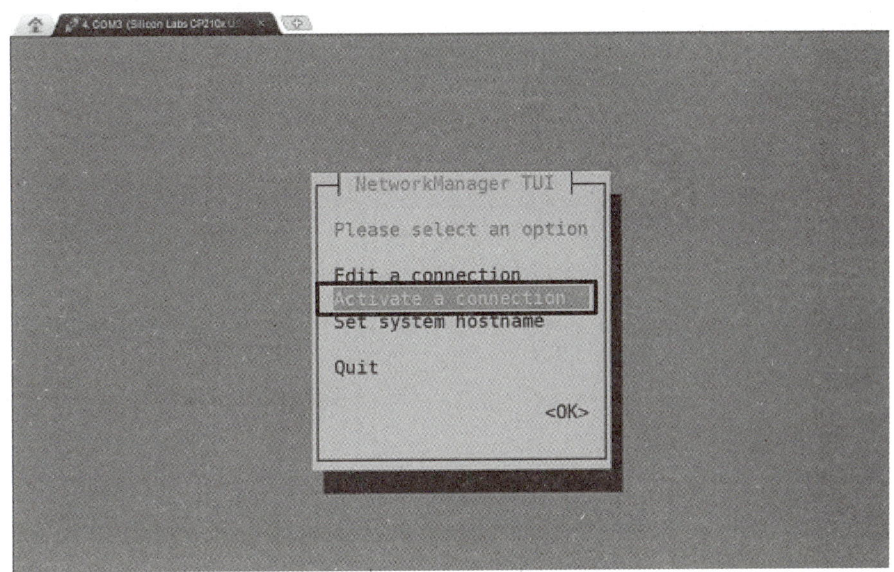

图 6-3　选择 Activate a connection 选项

4）在该界面中列出了所有搜索到的 WiFi 热点，如图 6-4 所示。

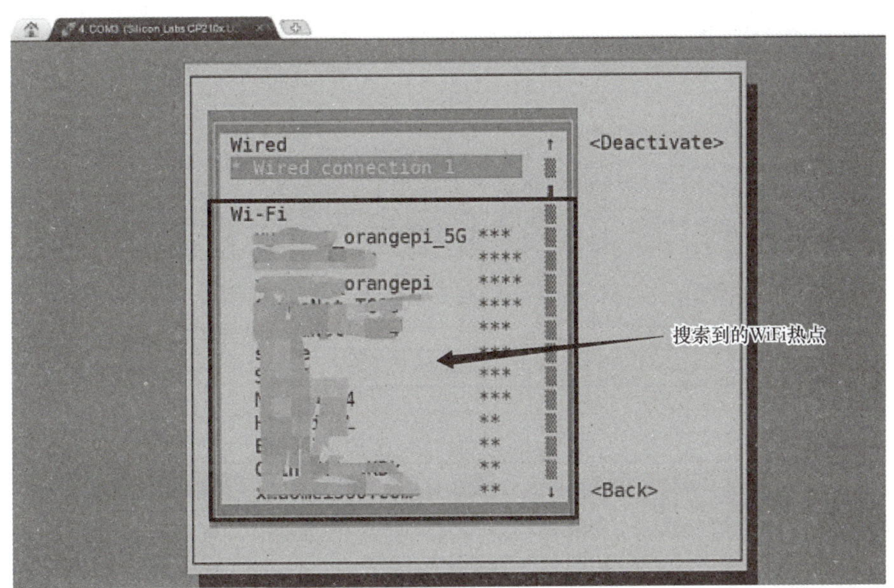

图 6-4　所有搜索到的 WiFi 热点

5）选择要连接的 WiFi 热点，然后按 <Tab> 键将光标定位到 Activate 后按 <Enter> 键，如图 6-5 所示。

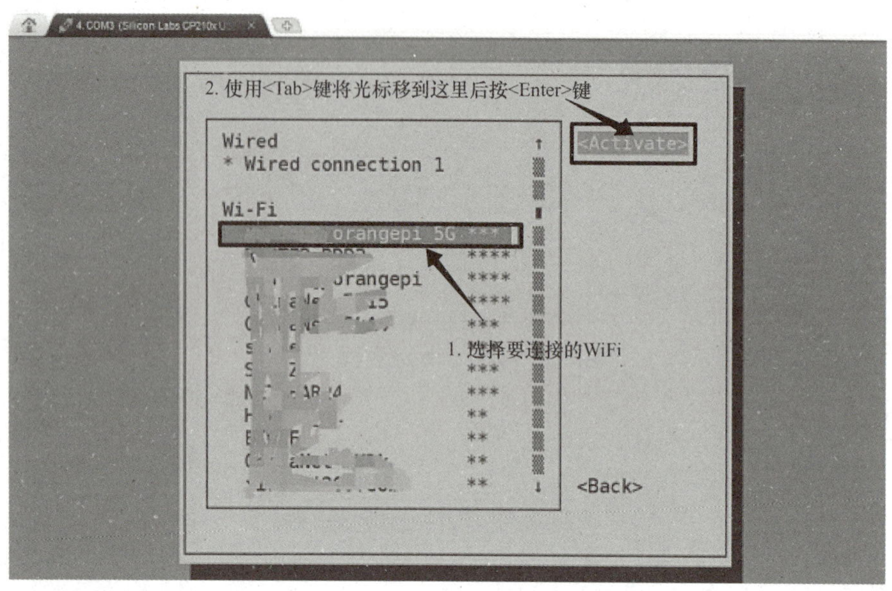

图 6-5 选择要连接的 WiFi 热点

6）弹出输入密码的对话框，在 Password 文本框内输入密码然后按 <Enter> 键即可开始连接 WiFi，如图 6-6 所示。

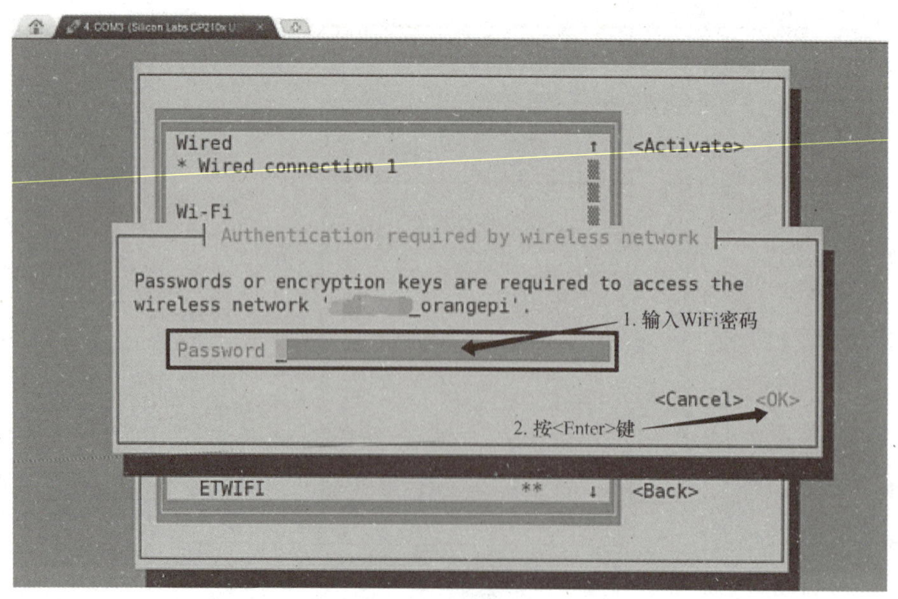

图 6-6 输入密码

7）WiFi 连接成功后会在已连接的 WiFi 名称前显示“*”，如图 6-7 所示。

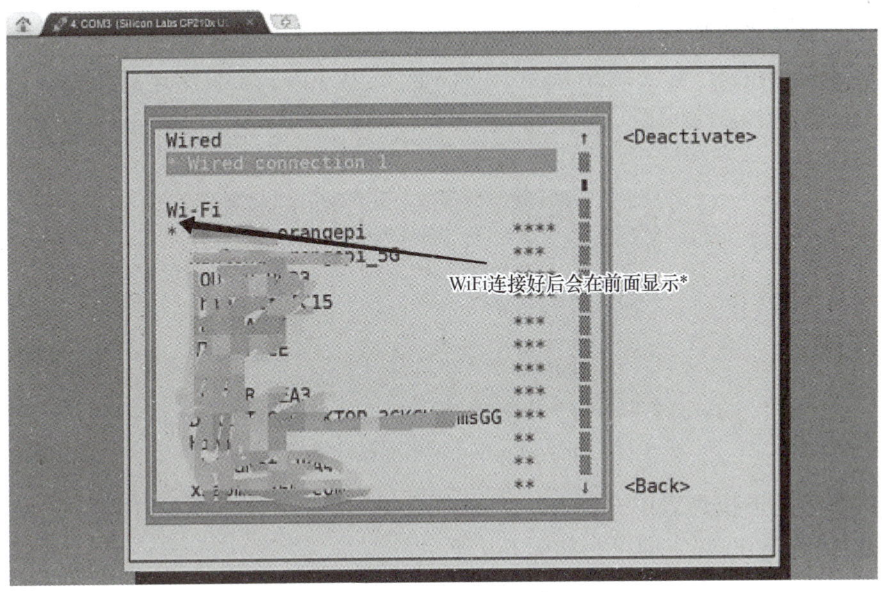

图 6-7　显示已连接的 WiFi 热点

8）通过“ip addr show wlan0”命令查看 WiFi 的 IP 地址。

正确输入命令则会显示如下信息。

```
11:wlan0:<BROADCAST,MULTICAST,UP,LOWER_UP> mtu 1500 qdisc pfifo_fast
state UP group default qlen 1000
link/ether 24:8c:d3:aa:76:bb brd ff:ff:ff:ff:ff:ff
inet 192.168.1.11/24 brd 192.168.1.255 scope global dynamic noprefixroute wlan0
valid_lft 259069sec preferred_lft 259069sec
inet6 240e:3b7:3240:c4a0:c401:a445:5002:ccdd/64 scope global dynamic
noprefixroute
valid_lft 259071sec preferred_lft 172671sec
inet6 fe80::42f1:6019:a80e:4c31/64 scope link noprefixroute
valid_lft forever preferred_lft foreve
```

9）使用 ping 测试 WiFi 网络的连通性（ping 命令可以通过按 <Ctrl+C> 快捷键来中断运行）。

```
ping www.orangepi.org –I wlan0
```

正确输入命令则会显示如下信息。

```
PING www.orangepi.org(182.92.236.130)from 192.168.1.49 wlan0:56(84)bytes of
data. 64 bytes from 182.92.236.130(182.92.236.130):icmp_seq=1 ttl=52 time=43.5 ms
64 bytes from 182.92.236.130(182.92.236.130):icmp_seq=2 ttl=52 time=41.3 ms
64 bytes from 182.92.236.130(182.92.236.130):icmp_seq=3 ttl=52 time=44.9 ms
64 bytes from 182.92.236.130(182.92.236.130):icmp_seq=4 ttl=52 time=45.6 ms
64 bytes from 182.92.236.130(182.92.236.130):icmp_seq=5 ttl=52 time=48.8 ms ^C
--- www.orangepi.org ping statistics --- 5 packets transmitted,5 received,0% packet loss,time 4006ms
rtt min/avg/max/mdev = 41.321/44.864/48.834/2.484 ms
```

3. 桌面版镜像的测试方法

1）单击桌面右上角的网络配置图标（测试 WiFi 时请不要连接网线），如图 6-8 所示。

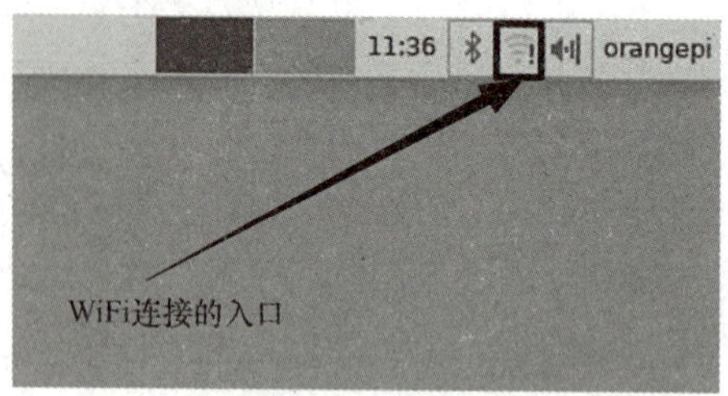

图 6-8　单击网络配置图标

2）在弹出的下拉列表中选择 More networks 选项可以看到所有扫描到的 WiFi 热点，选择想要连接的 WiFi 热点即可，如图 6-9 所示。

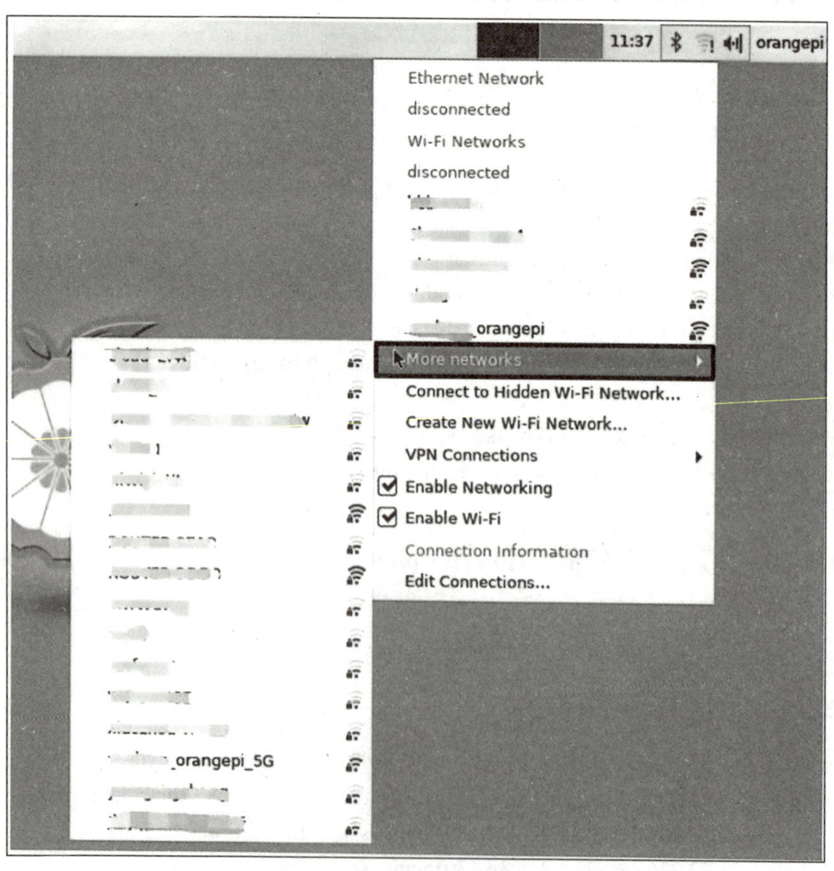

图 6-9　查看扫描到的 WiFi 热点

3）在弹出的对话框中输入 WiFi 热点密码，再单击 Connect 按钮即可开始连接，如图 6-10 所示。

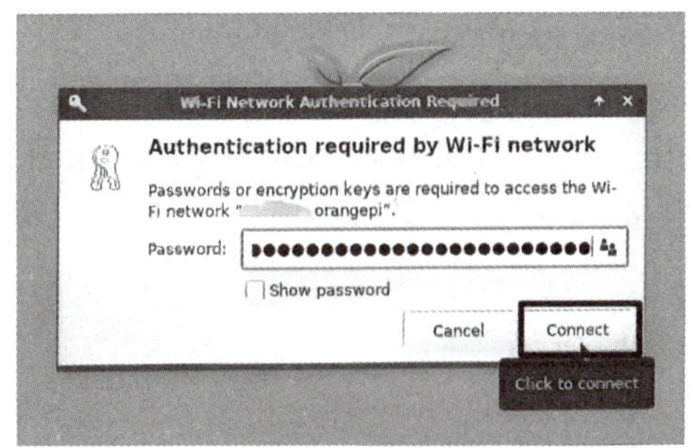

图 6-10　输入 WiFi 热点密码

4）连接好 WiFi 后，可以打开浏览器查看是否能上网。

6.4　SSH 远程登录开发板

SSH 是 Secure Shell（安全外壳）的缩写，是一种网络协议和工具，用于在不安全的网络中安全地进行远程登录和数据传输。它提供了加密的通信通道，在互联网等不安全的公共网络中，用户可以安全地远程登录到远程计算机，执行命令和管理文件。

SSH 使用加密技术，对传输的数据进行加密和解密，确保敏感信息不会在传输过程中被窃取或篡改。它提供了身份验证和授权机制，用户需要提供合法的用户名和密码，或者使用公钥和私钥进行身份验证，才能成功登录到远程主机。

SSH 被广泛用于远程管理和维护 Linux、UNIX 和其他类似操作系统的服务器。通过 SSH，管理员可以从本地计算机远程登录到服务器，执行系统管理任务、安装软件、查看日志文件等操作，而无须直接物理接触服务器。

除了远程登录，SSH 还可以用于安全传输文件。它提供了 SCP（Secure Copy）和 SFTP（SSH File Transfer Protocol）工具，用于在客户端和服务器之间安全地传输文件。

总的来说，SSH 是一种安全的网络协议和工具，为用户提供了在不安全网络中安全地进行远程登录和数据传输的功能，是现代网络管理和通信的重要技术。所以，在嵌入式系统实现网络编程一般采用 SSH 远程登录开发板。下面将分别具体介绍如何在 Ubuntu 系统和 Windows 系统下通过 SSH 远程登录开发板。

6.4.1　Ubuntu 下通过 SSH 远程登录开发板

Linux 系统默认都开启了 SSH 远程登录，并且允许 root 用户登录系统。SSH 登录前首先需要确保以太网或者 WiFi 已连接，然后通过以下步骤通过 SSH 远程登录开发板。

1）获取开发板的 IP 地址，可以使用“ip addr show”命令或者通过查看路由器的方式获取开发板的 IP 地址。

2）通过 ssh 命令远程登录 Linux。ssh 命令如下：

```
ssh root@192.168.1.36（需要替换为开发板的 IP 地址）
root@192.168.1.36's password:（在这里输入开发板用户的登录密码）
```

注意： 输入密码的时候，屏幕上是不会显示输入的密码的具体内容的，请不要以为是出了什么故障，输入完后直接按 <Enter> 键即可。

3）如果 SSH 无法正常登录 Linux 系统，首先检测开发板的 IP 地址是否能 ping 通，如果能 ping 通，可以通过串口或者 HDMI 显示器登录 Linux 系统然后在开发板上输入下面的命令后再尝试是否能连接。

```
~ # rm /etc/ssh/ssh_host_*
~ # dpkg-reconfigure openssh-server
```

如果还是不行，可以尝试重烧系统。

至此即可在 Linux 系统上成功登录想要操作的开发板，请读者自行动手操作实例。

6.4.2 Windows 下通过 SSH 远程登录开发板

在 Windows 系统下通过 SSH 远程登录开发板的步骤如下。

1）获取开发板的 IP 地址，可以使用“ip addr show”命令或者通过查看路由器的方式获取开发板的 IP 地址。

2）在 Windows 系统下可以使用 MobaXterm 远程登录开发板，首先新建一个 ssh 会话：打开 Session，然后在 Session Setting 中选择 SSH，在 Remote host 文本框中输入开发板的 IP 地址，在 Specify username 文本框中输入 Linux 系统的用户名，最后单击 OK 按钮即可。

3）根据提示输入密码即可。

注意：输入密码的时候，屏幕上是不会显示输入的密码的具体内容的，请不要以为是出现了什么故障，输入密码后直接按 <Enter> 键即可。

6.5 基于 Cortex-A53 的网络编程应用案例

在基于 Cortex-A53 的嵌入式 Linux 系统上，有丰富的工具和接口，可以用于实现各种网络应用和服务，如网络聊天室、网络文件传输、网络游戏开发、Web 服务器搭建、远程控制等。实际上，网络编程的应用非常广泛，可以根据具体需求和创意来开发各种网络应用和服务。需要注意的是，在网络编程中需要考虑网络安全、性能、可靠性等方面的问题，确保应用的稳定运行和用户数据的安全传输。

本节将介绍网络聊天室、网络文件传输和 Web 服务器搭建三个具体案例。

6.5.1 网络聊天室

使用 Socket 实现一个网络聊天室是一个非常实用的应用。本小节将从服务器端和客户端两个角度详细介绍如何实现这样一个聊天室。

1. 服务器端实现

在服务器端，需要实现以下功能：创建 Socket，并绑定 IP 地址和端口号；监听客户端的连接请求；接收来自客户端的消息，并广播给其他客户端。

服务器端具体实现代码如下。

网络聊天室服务器端实现

```
#include <stdio.h>
#include <stdlib.h>
#include <string.h>
#include <unistd.h>
#include <sys/Socket.h>
#include <netinet/in.h>

#define PORT 8888
#define MAX_CLIENTS 10
#define BUFFER_SIZE 1024

int main(){
    int server_fd,new_Socket,client_Sockets[MAX_CLIENTS],client_count = 0;
    struct sockaddr_in address;
    int opt = 1;
    int addrlen = sizeof(address);
    char buffer[BUFFER_SIZE] = {0};

    // 创建套接字
    if((server_fd = Socket(AF_INET,SOCK_STREAM,0))== 0){
        perror("Socket 创建失败 ");
        exit(EXIT_FAILURE);
    }

    // 设置套接字选项
    if(setsockopt(server_fd,SOL_SOCKET,SO_REUSEADDR | SO_REUSEPORT,&opt,sizeof(opt))){
        perror(" 设置套接字选项失败 ");
        exit(EXIT_FAILURE);
    }

    // 将套接字绑定到 IP 地址和端口号
    address.sin_family = AF_INET;
    address.sin_addr.s_addr = INADDR_ANY;
    address.sin_port = htons(PORT);

    if(bind(server_fd,(struct sockaddr *)&address,sizeof(address))< 0){
        perror(" 绑定失败 ");
        exit(EXIT_FAILURE);
    }

    // 监听传入的连接
    if(listen(server_fd,3)< 0){
        perror(" 监听失败 ");
        exit(EXIT_FAILURE);
    }
```

```
// 接受传入的连接并处理它们
while(1){
    // wait for a new connection
    if((new_Socket=accept(server_fd,(struct sockaddr *)&address,(socklen_t*)&addrlen))< 0){
        perror(" 接受连接失败 ");
        exit(EXIT_FAILURE);
    }

    // 将新客户端添加到数组
    client_Sockets[client_count++] = new_Socket;

    // 发送欢迎消息给客户端
    char welcome_message[BUFFER_SIZE] = " 欢迎加入聊天室 !\n";
    send(new_Socket,welcome_message,strlen(welcome_message),0);

    // 广播用户加入的消息给所有客户端
    sprintf(buffer," 新用户加入聊天室 , 现在有 %d 个用户 。\n",client_count);
    for(int i = 0;i < client_count - 1;i++){
        send(client_Sockets[i],buffer,strlen(buffer),0);
    }

    // 处理来自客户端的消息
    while(1){
        memset(buffer,0,BUFFER_SIZE);
        int num_bytes = recv(new_Socket,buffer,BUFFER_SIZE,0);
        if(num_bytes == 0){
            // 客户端断开连接
            close(new_Socket);
            client_count--;

            // 广播用户离开的消息给所有客户端
            sprintf(buffer," 用户离开聊天室 , 现在有 %d 个用户 。\n",client_count);
            for(int i = 0;i < client_count;i++){
                send(client_Sockets[i],buffer,strlen(buffer),0);
            }

            // 从数组中移除客户端
            for(int i = 0;i < client_count;i++){
                if(client_Sockets[i] == new_Socket){
                    for(int j = i;j < client_count - 1;j++){
                        client_Sockets[j] = client_Sockets[j + 1];
                    }
                    break;
                }
            }
```

```
                break;
            } else if(num_bytes < 0){
                // 接收消息时出错
                perror(" 接收失败 ");
                break;
            } else {
                // 广播消息给所有客户端
                for(int i = 0;i < client_count;i++){
                    send(client_Sockets[i],buffer,strlen(buffer),0);
                }
            }
        return 0;
}
```

这段代码是一个简单的聊天室服务器程序，它监听指定端口（8888）上的客户端连接，并处理客户端之间的消息通信。由于这是一个服务器程序，它不会直接输出任何结果，它会等待客户端连接，并根据客户端的行为执行相应的操作。

这段代码的输出结果将取决于服务器程序与客户端之间的通信。服务器接收客户端发送的消息，并广播消息给所有其他客户端。

输出结果可能包括以下内容：在客户端连接到服务器时，服务器会发送欢迎消息给新客户端，并向所有已连接的客户端广播有新用户加入的消息；当客户端发送消息时，服务器将接收消息并将其广播给所有其他客户端；当客户端断开连接时，服务器将发送用户离开的消息给所有其他客户端。

2. 客户端实现

客户端实现需要先与服务器建立连接，然后可以发送消息和接收服务器和其他客户端的消息。

客户端具体实现代码如下。

网络聊天室客户端实现

```
#include <stdio.h>
#include <stdlib.h>
#include <string.h>
#include <unistd.h>
#include <sys/socket.h>
#include <netinet/in.h>
#include <arpa/inet.h>

#define PORT 8888
#define BUFFER_SIZE 1024

int main(int argc,char const *argv[]){
    int client_fd;
```

```
struct sockaddr_in server_address;
char buffer[BUFFER_SIZE] = {0};
char username[BUFFER_SIZE] = {0};

// 创建套接字
if((client_fd = Socket(AF_INET,SOCK_STREAM,0))< 0){
    perror(" 套接字创建失败 ");
    exit(EXIT_FAILURE);
}

// 设置服务器地址
memset(&server_address,0,sizeof(server_address));
server_address.sin_family = AF_INET;
server_address.sin_port = htons(PORT);

if(inet_pton(AF_INET,"127.0.0.1",&server_address.sin_addr)<= 0){
    perror(" 无效地址 ");
    exit(EXIT_FAILURE);
}

// 连接到服务器
if(connect(client_fd,(struct sockaddr *)&server_address,sizeof(server_address))< 0){
    perror(" 连接失败 ");
    exit(EXIT_FAILURE);
}

// 从用户获取用户名
printf(" 请输入您的用户名 :");
fflush(stdout);
fgets(username,BUFFER_SIZE,stdin);
strtok(username,"\n");

// 发送用户名到服务器
send(client_fd,username,strlen(username),0);

while(1) {
    // 从标准输入读取用户输入
    memset(buffer,0,BUFFER_SIZE);
    printf("%s> ",username);
    fflush(stdout);
    fgets(buffer,BUFFER_SIZE,stdin);
    strtok(buffer,"\n");

    // 发送消息到服务器
    send(client_fd,buffer,strlen(buffer),0);
```

```
        // 接收来自服务器的消息
        memset(buffer,0,BUFFER_SIZE);
        int num_bytes = recv(client_fd,buffer,BUFFER_SIZE,0);
        if(num_bytes == 0){
            printf(" 服务器已断开连接 \n");
            break;
        }
        printf("%s\n",buffer);
    }

    // 关闭套接字
    close(client_fd);

    return 0;
}
```

6.5.2　网络文件传输

涉及文件传输，一种常用的方法是使用 Socket 编程来实现。下面是一个简单的服务器端和客户端的文件传输示例。注意：这只是一个基本示例，在实际应用中可能需要添加更多的错误处理和更完善的功能。

1. 服务器端代码

网络文件传输服务器端实现

```
#include <stdio.h>
#include <stdlib.h>
#include <unistd.h>
#include <string.h>
#include <sys/socket.h>
#include <netinet/in.h>

#define PORT 8080
#define MAX_BUFFER_SIZE 1024

int main(int argc,char const *argv[]){
    int server_fd,new_socket,valread;
    struct sockaddr_in address;
    int addrlen = sizeof(address);
    char buffer[MAX_BUFFER_SIZE] = {0};
    FILE *file;
    char *filename = "received_file.txt";

    // 创建 Socket
    if((server_fd = socket(AF_INET,SOCK_STREAM,0))== 0){
        perror("Socket failed");
        exit(EXIT_FAILURE);
```

```
    }

    address.sin_family = AF_INET;
    address.sin_addr.s_addr = INADDR_ANY;
    address.sin_port = htons(PORT);

    // 绑定 Socket 到端口
    if(bind(server_fd,(struct sockaddr *)&address,sizeof(address))<0){
        perror("Bind failed");
        exit(EXIT_FAILURE);
    }

    // 监听套接字
    if(listen(server_fd,3)< 0){
        perror("Listen");
        exit(EXIT_FAILURE);
    }

    // 等待客户端连接请求
    if((new_socket = accept(server_fd,(struct sockaddr *)&address,
        (socklen_t*)&addrlen))<0){
        perror("Accept");
        exit(EXIT_FAILURE);
    }

    // 接收文件数据并保存到本地
    file = fopen(filename,"wb");
    if(file == NULL){
        perror("File open error");
        exit(EXIT_FAILURE);
    }

    while((valread = read(new_socket,buffer,MAX_BUFFER_SIZE))> 0){
        fwrite(buffer,1,valread,file);
    }
    fclose(file);
    printf("File received successfully\n");
    return 0;
}
```


2. 客户端代码

网络文件传输客户端实现

```
#include <stdio.h>
#include <stdlib.h>
#include <unistd.h>
#include <string.h>
```

```
#include <sys/socket.h>
#include <netinet/in.h>
#include <arpa/inet.h>

#define PORT 8080
#define MAX_BUFFER_SIZE 1024

int main(int argc,char const *argv[]){
    int sock = 0,valread;
    struct sockaddr_in serv_addr;
    char buffer[MAX_BUFFER_SIZE] = {0};
    FILE *file;
    char *filename = "file_to_send.txt";

    // 创建 Socket
    if((sock = socket(AF_INET,SOCK_STREAM,0))< 0){
        perror("Socket creation error");
        exit(EXIT_FAILURE);
    }

    serv_addr.sin_family = AF_INET;
    serv_addr.sin_port = htons(PORT);

    // 将 IPv4 地址从点分十进制字符串转换为二进制整数
    if(inet_pton(AF_INET,"127.0.0.1",&serv_addr.sin_addr)<=0){
        perror("Invalid address/ Address not supported");
        exit(EXIT_FAILURE);
    }

    // 连接到服务器
    if(connect(sock,(struct sockaddr *)&serv_addr,sizeof(serv_addr))< 0){
        perror("Connection failed");
        exit(EXIT_FAILURE);
    }

    // 读取本地文件并将其发送到服务器
    file = fopen(filename,"rb");
    if(file == NULL){
        perror("File open error");
        exit(EXIT_FAILURE);
    }

    while((valread = fread(buffer,1,MAX_BUFFER_SIZE,file))> 0){
        send(sock,buffer,valread,0);
    }
    fclose(file);
    printf("File sent successfully\n");
```

```
    return 0;
}
```

本小节展示了一个简单的文件传输程序，服务器接收来自客户端的文件并将其保存到本地，客户端将本地文件发送给服务器。需要注意的是，在运行之前确保客户端和服务器端都运行在同一台机器上，并且服务器端先运行。

6.5.3 Web 服务器搭建

涉及 Web 服务器的搭建，通常需要使用 Socket 编程结合 HTTP 来实现。下面将展示一个简单的 Web 服务器程序，用于处理客户端的 HTTP 请求并返回相应的网页内容。注意：这只是一个基本示例，实际的 Web 服务器需要添加更多的功能和安全性措施。

Web 服务器搭建

```
#include <stdio.h>
#include <stdlib.h>
#include <unistd.h>
#include <string.h>
#include <sys/socket.h>
#include <netinet/in.h>

#define PORT 8080
#define MAX_BUFFER_SIZE 1024

void handle_client(int client_socket){
    char response[] = "HTTP/1.1 200 OK\r\nContent-Type:text/html\r\n\r\n"
                      "<html><body><h1>Hello,this is a simple web server!</h1></body></html>";
    send(client_socket,response,strlen(response),0);
    close(client_socket);
}

int main(int argc,char const *argv[]){
    int server_fd,client_socket;
    struct sockaddr_in address;
    int addrlen = sizeof(address);

    // 创建 Socket
    if((server_fd = socket(AF_INET,SOCK_STREAM,0))== 0){
        perror("Socket failed");
        exit(EXIT_FAILURE);
    }

    address.sin_family = AF_INET;
    address.sin_addr.s_addr = INADDR_ANY;
    address.sin_port = htons(PORT);

    // 绑定 Socket 到端口
    if(bind(server_fd,(struct sockaddr *)&address,sizeof(address))<0){
```

```
        perror("Bind failed");
        exit(EXIT_FAILURE);
    }

    // 监听套接字
    if(listen(server_fd,3)< 0){
        perror("Listen");
        exit(EXIT_FAILURE);
    }

    printf("Web server is running at http://localhost:%d/\n",PORT);

    while(1){
        // 等待客户端连接请求
        if((client_socket = accept(server_fd,(struct sockaddr *)&address,
          (socklen_t*)&addrlen))<0){
            perror("Accept");
            exit(EXIT_FAILURE);
        }

        // 处理客户端请求
        handle_client(client_socket);
    }

    return 0;
}
```


在这个简单的 Web 服务器程序中，监听 8080 端口，当客户端发起 HTTP 请求时，返回一个简单的 HTML 页面。需要注意的是，在运行之前确保没有其他进程占用了 8080 端口。

运行 Web 服务器程序后，在浏览器中访问 http://localhost:8080/，可以看到返回的简单网页内容。

注意：这个 Web 服务器只能处理简单的 GET 请求，实际的 Web 服务器需要处理更复杂的请求。同时，为了提高安全性，实际的 Web 服务器还需要考虑一系列的安全问题，例如拒绝服务攻击、文件访问控制等。

习题

6-1　什么是网络编程？网络协议栈和通信模型分别是什么？

6-2　简述 Socket 编程的基础知识。如何使用 Socket 进行网络编程？

6-3　嵌入式 Linux 系统下的网络配置方法是什么？如何配置网络？

6-4　Orange Pi 3 LTS 的以太网口和 WiFi 连接测试方法是什么？如何测试网络连接？

6-5　在 Ubuntu 和 Windows 下，如何通过 SSH 远程登录开发板？

6-6　请自行设计基于 Cortex-A53 的网络编程案例，详述实现过程。

第 7 章　基于 Cortex-A53 的嵌入式 Linux 系统移植设计

U-Boot（Universal Bootloader）是一种开源的、功能强大的、通用的、可扩展的嵌入式系统引导加载程序，常用于嵌入式 Linux 系统中。U-Boot 可以从闪存、网络、串行、并行等不同的介质中加载内核，并提供了丰富的命令行界面及丰富的开发调试功能。

7.1　U-Boot 概述

U-Boot 是一款开源的、通用的、可移植的引导加载程序。它最初是为 PowerPC 和 ARM 架构设计的，现在已扩展到其他架构。U-Boot 支持多种引导设备和文件系统，并可作为第一阶段引导加载程序（stage1）或第二阶段引导加载程序（stage2）使用。U-Boot 还支持网络引导，使嵌入式系统可以从网络中启动。本小节将分别介绍 U-Boot 所支持的嵌入式平台、安装位置、启动过程、与主机的通信、操作模式。

7.1.1　U-Boot 所支持的嵌入式平台

U-Boot 支持各种嵌入式平台，包括 ARM、PowerPC、MIPS、x86 等。在 ARM 平台上，U-Boot 是非常受欢迎的引导加载程序，因为它可以很容易地适应各种 ARM 处理器。同时，U-Boot 还支持许多嵌入式设备的引导，如 Flash、SD 卡、NAND Flash、SPI Flash 等。以下是 U-Boot 主要支持的嵌入式平台。

1）ARM 架构：U-Boot 支持各种基于 ARM 架构的嵌入式平台，例如基于 ARM Cortex-A9、Cortex-A15 和 Cortex-A53 处理器的板子，再如 Xilinx Zynq 和 Zynq UltraScale+ MPSoC、TI OMAP 和 Sitara 等。

2）PowerPC 架构：U-Boot 也支持 PowerPC 架构的嵌入式平台，例如飞思卡尔公司的 MPC8xx/82xx、MPC85xx、MPC86xx、MPC83xx 等，以及 IBM PowerPC 4xx 系列处理器。

3）MIPS 架构：U-Boot 支持 MIPS 架构的许多嵌入式平台，包括龙芯、Ingenic 等。

4）x86 架构：U-Boot 也支持 x86 架构的嵌入式平台，例如 Intel Atom 和 AMD Geode 等。

此外，U-Boot还支持许多其他架构和嵌入式平台，如MicroBlaze、ARC、Nios II等，以及一些特殊用途的平台，如一些嵌入式开发板和路由器等。

需要注意的是，尽管 U-Boot 可以运行在不同的平台上，但在移植 U-Boot 时需要针对具体的平台进行一定的配置和调试，以确保 U-Boot 的正确运行和可靠性。

7.1.2　U-Boot 的安装位置

当在开发板上启动嵌入式 Linux 系统时，需要先将 U-Boot 安装到开发板的某个存储设备中，例如 SD 卡或 EMMC 存储器等。具体的安装位置取决于开发板的硬件和启动流程。

通常情况下，U-Boot 可以安装到开发板的存储设备的 MBR（Master Boot Record）或 GPT（GUID Partition Table）中。MBR 是存储设备上的第一个扇区，其中包含分区表和引导程序。GPT 是一种新的分区表标准，支持更大的分区容量和更多的分区标识符。

在 MBR 中安装 U-Boot 的方法：将 U-Boot 二进制文件写入 MBR 中，并将第一个分区设置为可引导分区。这样，在开发板启动时，BIOS 或 UEFI 固件会加载 MBR 中的引导程序，并从可引导分区启动 U-Boot。

在 GPT 中安装 U-Boot 的方法：创建一个专用的引导分区，将 U-Boot 二进制文件写入该分区，并将该分区设置为可引导分区。这样，在开发板启动时，BIOS 或 UEFI 固件会加载 GPT 中的引导程序，并从可引导分区启动 U-Boot。

此外，有些开发板还可以将 U-Boot 安装在网络中的 TFTP 服务器上，以通过网络启动。在这种情况下，开发板在启动时会通过 DHCP 获取 IP 地址和 TFTP 服务器地址，并下载 U-Boot 二进制文件。

U-Boot 还可以安装在各种设备上，例如 Flash、SD 卡、NAND Flash、SPI Flash 等。在安装 U-Boot 之前，需要先确定目标设备的引导顺序和启动方式。在安装 U-Boot 时，需要将 U-Boot 编译成可执行文件，并将其烧写到目标设备的引导设备上。例如，在 ARM 平台上，可以将 U-Boot 烧写到 SD 卡的 MBR 区域或 NAND Flash 的 Bootloader 分区。

7.1.3　U-Boot 的启动过程

U-Boot 的启动过程可以分为以下五个阶段：

1）加载 U-Boot 程序：嵌入式设备开机后首先会从某个存储介质（如闪存、SD 卡等）中读取 U-Boot 程序的二进制文件，然后把它加载到内存中的某个固定地址。

2）执行 U-Boot 程序：一旦 U-Boot 程序被加载到内存中，CPU 会从这个地址开始执行 U-Boot 程序代码。在这个过程中，U-Boot 会对硬件进行初始化，并设置一些环境变量，如 CPU 频率、内存大小等。

3）执行 U-Boot 脚本：U-Boot 还提供了一种脚本语言，可以用来执行一些特定的操作，例如从网络中下载内核镜像、设置启动参数等。用户可以编写自己的脚本，或使用 U-Boot 自带的脚本。

4）加载内核镜像：一旦 U-Boot 完成了必要的初始化工作和脚本的执行，它就会从某个存储介质中读取内核镜像，并把它加载到内存中的某个固定地址。

5）启动内核：一旦内核镜像被加载到内存中，U-Boot 会将控制权转移到内核的入口点，使内核开始运行。内核会完成进一步的硬件初始化，并启动用户空间的进程，使嵌入式设备可以运行应用程序。

U-Boot 启动过程的具体实现可能会因设备硬件和操作系统的版本等因素而有所不同，但整体流程大致相同。

7.1.4　U-Boot 与主机的通信

U-Boot 与主机通信是指在开发过程中，通过 U-Boot 的命令行或网络调试功能与开发主机进行通信，从而实现对嵌入式设备进行调试和操作。

在 U-Boot 启动时，首先会检测是否存在调试器连接，如果存在，它将使用调试器端口进行通信；如果没有检测到调试器连接，则会尝试通过串口连接进行通信。

U-Boot 提供了一个命令行界面，可以通过串口或网络进行访问。若通过串口连接，可以使用基于终端的工具（如 minicom）或类似于串口调试器的应用程序进行连接。若通过网络连接，可以使用 TFTP 服务器和 Telnet 或 SSH 进行连接。

除了命令行界面外，U-Boot 还提供了一个名为 GDBStub 的调试功能。它允许开发人员通过 GDB（GNU 调试器）进行嵌入式系统的调试，可以容易地发现和解决问题。这种调试方式需要将 U-Boot 编译为支持 GDBStub 的版本，并使用 GDB 连接到 U-Boot。

另外，U-Boot 还支持通过 USB 和 JTAG 等方式进行调试和通信。例如，通过 USB，可以使用 USB 串口适配器连接到嵌入式设备，并在主机上运行终端应用程序。再如，通过 JTAG，可以在嵌入式设备上设置断点和单步调试等功能，帮助开发人员深入了解系统的运行情况。

下面是 U-Boot 串口通信示例代码，假设串口连接的波特率为 115200，设备为 /dev/ttyS0。

```
setenv baudrate 115200
setenv console ttyS0,${baudrate}
```

这里，首先使用 setenv 命令设置波特率为 115200，然后将串口设备设置为 /dev/ttyS0，并将波特率设置为先前设置的值。这样，U-Boot 就可以使用串口与主机进行通信了。

当 U-Boot 与主机建立了串口通信之后，可以通过串口进行一些调试工作。例如，可以使用 printenv 命令查看 U-Boot 的环境变量，或使用 load 命令加载一个文件。同时，U-Boot 还支持 TFTP 和 NFS 等网络协议，可以通过网络进行文件传输和启动操作。例如，可以使用 tftp 命令从网络上下载文件，或使用 bootp 命令从 DHCP 服务器获取 IP 地址。

下面是 U-Boot 通过串口进行文件传输的示例代码。

```
# 设置 IP 地址
setenv ipaddr 192.168.1.100
# 设置网关
setenv serverip 192.168.1.1
```

```
#下载文件
tftp 0x100000 kernel.img
#启动内核
bootm 0x100000
```

在上述代码中，首先使用 setenv 命令设置 U-Boot 的 IP 地址和网关，然后使用 tftp 命令从 TFTP 服务器下载文件到内存地址 0x100000 处，最后使用 bootm 命令启动内核。

7.1.5　U-Boot 的操作模式

命令行模式是 U-Boot 最基本的操作模式，它提供了一组预定义的命令，用户可以通过键盘输入这些命令。在命令行模式下，用户可以使用诸如 help、printenv、setenv、boot 等命令来管理和控制系统。用户可以使用 help 命令查看所有可用的命令及其用法。

除了预定义命令，用户还可以自定义命令来满足特定的需求。U-Boot 提供了一种简单的方法来定义新命令：编写一个名为 mycommand 的函数，并使用 cmd_register() 函数将其注册为新命令，然后在命令行模式下，用户就可以使用 mycommand 命令来调用该函数。

脚本模式是一种更高级别的操作模式，它允许用户在 U-Boot 中使用脚本语言来执行一系列的命令。脚本模式可以通过 source 命令从外部文件加载脚本，也可以在 U-Boot 环境变量中保存脚本。

下面的脚本示例定义了一个名为 bootcmd 的变量，该变量包含启动系统所需的一系列命令。

```
setenv bootcmd 'mmc dev 0;mmc read ${loadaddr} 0x800 0x2000;bootz ${loadaddr}'
saveenv
```


在上述脚本中，首先使用 setenv 命令定义了一个名为 bootcmd 的变量，它包含了三个命令：mmc dev 0、mmc read 和 bootz。这些命令将从 MMC 设备加载内核并启动系统。然后，使用 saveenv 命令将该变量保存到 U-Boot 环境变量中。

在 U-Boot 启动过程中，当没有输入任何命令时，系统会自动执行 bootcmd 变量中定义的命令序列，从而自动启动系统。

U-Boot 的操作模式非常灵活，用户可以根据需要选择使用命令行模式或脚本模式来管理和控制系统。

7.2　U-Boot 的基本结构

U-Boot 的基本结构包括两个阶段：stage1 和 stage2。其中，stage1 是一个较小的程序，主要用于初始化硬件设备、加载 stage2 程序并跳转到 stage2；而 stage2 是 U-Boot 的主程序，负责进一步初始化硬件设备、加载内核镜像和文件系统等。下面分别介绍这两个阶段的结构和作用。

7.2.1　U-Boot 的 stage1

stage1 是 U-Boot 引导加载程序的第一阶段，也称为汇编启动代码。在这个阶段，

U-Boot 会执行一些基本的初始化，例如设置栈和处理器模式，然后加载 stage2 的代码。

在 stage1 中，U-Boot 通常包含以下功能。

1）系统初始化：U-Boot 会对系统进行初始化，包括内存控制器和串口控制器的初始化。

2）处理器模式设置：U-Boot 将处理器切换到特权模式，并设置栈指针。

3）串口输出：U-Boot 可以通过串口输出调试信息，帮助用户调试系统。

4）加载 stage2：U-Boot 会从指定的存储设备中加载 stage2 代码，并跳转到 stage2 代码处执行。

U-Boot 的 stage1 主要由两个部分组成：Bootloader 和 Bootmonitor。

Bootloader 部分的作用是初始化硬件设备并加载 stage2 程序到内存中。它需要根据具体的硬件平台进行适配，因为不同的硬件平台在初始化过程中可能有不同的配置寄存器和引脚等，需要进行相应的设置。初始化完毕后，Bootloader 会从某个存储设备（如 Flash、SD 卡等）中加载 stage2 程序到内存中，并将控制权转交给 stage2 程序。

Bootmonitor 部分的作用是提供一个命令行界面，以便用户进行一些简单的操作，如在启动过程中中断并修改启动参数、显示存储设备中的文件列表等。它也可以用于调试和诊断，例如在出现问题时查看寄存器状态、内存内容等。Bootmonitor 的命令行界面通常比较简单，只包含一些基本的命令。

7.2.2 U-Boot 的 stage2

U-Boot 的 stage2 是一个更加完整的 Bootloader，能够支持更多的硬件和文件系统，并且具有更加灵活的配置选项。stage2 的主要任务是加载 U-Boot 的核心代码和初始化硬件，然后将控制权传递给 U-Boot 核心代码。

（1）stage2 的组成

stage2 的源码位于 U-Boot 源代码的 common 目录下的 u-boot.lds 文件中，它由一个链接脚本和若干个 C 语言源代码文件组成。stage2 通常包括以下几个组成部分。

1）SPL（Secondary Program Loader）：SPL 是一个小型的 Bootloader，用于在较低的硬件初始化阶段（这里指的是系统启动的初始阶段）加载 U-Boot 核心代码。SPL 通常使用一个固定的链接地址，可以通过编译选项来指定其大小。

2）U-Boot 核心代码：U-Boot 核心代码包含了 U-Boot 的主要功能和配置选项，包括命令行解析、设备驱动程序、文件系统支持、网络协议等。

3）驱动程序：驱动程序是用于控制各种硬件设备的代码，例如串口、网卡、Flash 等。

4）硬件初始化代码：硬件初始化代码用于配置和初始化 CPU、内存、时钟、外设等硬件设备，使系统进入可用状态。

5）系统启动代码：系统启动代码负责启动 U-Boot 核心代码，完成各种初始化工作，并将控制权传递给 U-Boot 核心代码。

（2）stage2 中的启动流程

在 stage2 中，U-Boot 核心代码的启动一般包括以下几个步骤。

1）初始化和设置。U-Boot 的 stage2 首先会进行初始化和设置，以确保系统处于正确的状态。它会初始化 CPU、设置时钟、开启中断等操作，以准备系统运行。

2）定义和设置 U–Boot 的环境变量。U–Boot 的 stage2 会定义和设置 U–Boot 的环境变量，包括存储设备、IP 地址、MAC 地址等信息。这些环境变量在 U–Boot 的运行过程中会被使用，可以通过 U–Boot 命令行界面进行修改。

3）定义和初始化 U–Boot 的命令。U–Boot 的 stage2 会定义和初始化 U–Boot 的命令，包括启动操作系统、读写存储设备、网络相关操作等。这些命令在 U–Boot 的运行过程中可以被用户使用，可以通过 U–Boot 命令行界面进行调用。

4）初始化和设置设备驱动程序。U–Boot 的 stage2 会初始化和设置设备驱动程序，包括串口驱动程序、存储设备驱动程序、网络设备驱动程序等。这些驱动程序在 U–Boot 的运行过程中会被使用，以实现与外部设备的交互。

5）加载并启动操作系统。U–Boot 的 stage2 的最终目的是加载并启动操作系统。在加载操作系统之前，它会先检查操作系统映像的有效性，并对操作系统映像进行解析；然后将操作系统映像加载到内存中，并将控制权交给操作系统，从而启动操作系统。U–Boot 的 stage1 和 stage2 都是可定制的，用户可以根据具体需求进行修改和配置。

7.2.3　U–Boot 的 stage1 和 stage2 的示例代码

stage1 示例代码（汇编语言）如下。

```
/* 这是一个简单的 U–Boot stage1 代码示例 */
.global _start
_start:
    /* 初始化栈指针 */
    ldr     sp,=0x8000
    /* 切换到管理模式 */
    cps     #0x13
    /* 设置 MMU */
    /* ... */
    /* 初始化串口 */
    /* ... */
    /* 加载 stage2 代码 */
    /* ... */
    /* 跳转到 stage2 代码 */
    mov     pc,lr
```

stage2 示例代码（C 语言）如下。

```
/* 这是一个简单的 U–Boot stage2 代码示例 */
void board_init(void)
{
    /* 初始化 CPU 时钟 */
    /* ... */
    /* 初始化内存控制器 */
    /* ... */
    /* 初始化串行控制台 */
```

```
        /* ... */
    }
    int main(void)
    {
        void(*kernel_entry)(void);
        /* 初始化硬件 */
        hardware_init();
        /* 加载并启动内核 */
        kernel_entry = load_kernel_image();
        kernel_entry();
        /* 内核执行完后跳不回来了 */
        return 0;
    }
```

这是基础的示例代码，主要功能是初始化硬件、加载内核镜像并跳转到内核入口执行。在实际的 U-Boot 实现中，代码会更为复杂，因为需要支持多种硬件平台和多种操作系统。

7.3 基于 Cortex-A53 的嵌入式 Linux 移植案例

本节将介绍基于 Cortex-A53 的嵌入式 Linux 移植案例。移植的过程涉及 U-Boot 的移植、Linux 内核的移植、制作文件系统，以及系统测试。

7.3.1 了解硬件平台

在进行基于 Cortex-A53 的嵌入式 Linux 移植之前，需要先了解所使用的硬件平台。硬件平台是指嵌入式设备所采用的硬件芯片或板卡，包括处理器、内存、存储器、网络接口、外设等。对于基于 Cortex-A53 的嵌入式 Linux 移植案例而言，其硬件平台采用的是一款搭载了 Cortex-A53 处理器的开发板，比如树莓派、HiKey960 等。这些开发板一般都具备以下硬件特性。

1）处理器：Cortex-A53 是一款高性能低功耗的 64 位 ARM 处理器，适用于嵌入式应用场景。

2）内存：一般采用 DDR3 或 DDR4 内存，容量大小视具体需求而定。

3）存储器：一般采用 eMMC、SD 卡、NAND Flash 等存储设备。

4）网络接口：一般支持以太网接口，也可能支持 WiFi、蓝牙等无线网络接口。

5）外设：可能包括 USB、HDMI、SPI、I^2C、UART 等外设接口，视具体需求而定。

在进行嵌入式 Linux 移植时，需要先根据硬件平台的特性选择相应的开发板和配套的开发环境，如交叉编译工具链、U-Boot、内核、驱动等。需要对硬件平台进行充分的了解和熟悉，在进行后续移植工作时，才能够顺利地进行相关的操作和调试工作。

7.3.2 制作文件系统

文件系统是指操作系统用来管理和存储文件和目录的一组数据结构及相应的操作程

序。在 Linux 系统中，文件系统可以分为两种：虚拟文件系统和实际文件系统。虚拟文件系统是系统内核提供的一种接口，用来访问各种类型的文件系统；而实际文件系统则是真正存储数据的文件系统，包括常见的 ext4、FAT32 等。

在 Linux 系统中，常用的文件系统制作工具有 mkfs、genext2fs、genext3fs、genext4fs 等。其中，mkfs 是用于制作常见文件系统的工具，而 genext2fs、genext3fs、genext4fs 则是用于制作 ext2、ext3、ext4 文件系统的工具。

在制作文件系统之前，需要先确定文件系统的类型。这里选择 Cortex-A53 的 ext4 文件系统作为文件系统的类型。制作文件系统的流程如下。

1. 准备磁盘镜像文件

使用 dd 命令创建一个大小为 1GB 的磁盘镜像文件。

```
dd if=/dev/zero of=filesystem.img bs=1M count=1024
```

2. 使用 mkfs 工具制作文件系统

使用 mkfs 工具制作 ext4 文件系统，命令如下：

```
mkfs.ext4 filesystem.img
```

至此，文件系统已经制作完成。可以通过 mount 命令将其挂载到一个目录中，例如：

```
mkdir /mnt/filesystem
mount -t ext4 -o loop filesystem.img /mnt/filesystem
```

此时，文件系统已经成功挂载到 /mnt/filesystem 目录中。

制作完成文件系统后，还需要进行一些配置工作。例如，配置 /etc/fstab 文件，将文件系统自动挂载到指定的目录下。

在 /etc/fstab 文件中添加内容：

```
/dev/mmcblk0p2 / ext4 defaults 0 1
```

其中，/dev/mmcblk0p2 表示设备的分区信息；/ 表示挂载点；ext4 表示文件系统的类型；defaults 表示默认挂载选项，0 表示备份顺序，1 表示是否进行文件系统检查。

7.3.3　系统测试

系统测试是软件开发过程中至关重要的一环，也是保证软件质量和稳定性的重要手段。在 Cortex-A53 等系统中，系统测试通常涉及以下几个方面。

1. 基本功能测试

基本功能测试是用于测试系统的基本功能能否正常工作，例如网络连接、文件读写、进程管理等。

假设要测试一个基于 Linux 系统的 Web 服务器能否正常工作，需要编写测试用例并运行测试。该用例的流程为：启动服务器、连接服务器、发送 HTTP 请求、验证响应是否正确、关闭连接、停止服务器。具体代码如下。

```
#!/bin/bash
# 启动服务器
./server_start.sh
# 连接服务器
curl http://localhost:8080 -o response.txt
# 验证响应是否正确
if grep "Hello,World!" response.txt;then
    echo "Test passed."
else
    echo "Test failed."
fi
# 关闭连接
rm response.txt
# 停止服务器
./server_stop.sh
```

在运行测试之前，需要先启动服务器并确保其正常工作。测试脚本中使用了 curl 命令模拟 HTTP 请求，并将响应保存到文件中。随后，使用 grep 命令查找响应内容是否正确，如果正确则测试通过，否则测试失败。最后，关闭连接并停止服务器。

需要注意的是，测试用例需要覆盖尽可能多的情况，例如不同的 HTTP 请求方法、不同的请求参数等，以确保系统的稳定性和兼容性。还可以使用其他工具进行自动化测试，例如使用 Selenium 做 Web 界面测试、使用 JMeter 做性能测试等。这些工具可以大大提高测试效率和覆盖范围。

2. 性能测试

性能测试主要是为了评估系统在各种负载情况下的性能表现，例如 CPU 性能测试、内存性能测试、硬盘 / 存储性能测试和网络性能测试。

（1）CPU 性能测试

CPU 性能测试通常用于测试 CPU 的计算能力，可使用 Benchmark 工具进行测试，常用的 Benchmark 工具有 Unixbench、SPEC CPU、Geekbench 等。这些工具通常会测试 CPU 的浮点运算能力、整数运算能力、内存带宽等指标。

（2）内存性能测试

内存性能测试用于测试系统的内存读写速度、带宽等指标。常用的内存测试工具有 Memtest86+、stress 等。Memtest86+ 是一种基于 BIOS 的内存测试工具，可以检测系统内存是否有错误。stress 是一个压力测试工具，可用于测试内存的稳定性。

（3）硬盘 / 存储性能测试

硬盘 / 存储性能测试用于测试硬盘 / 存储设备的读写速度、带宽等指标。常用的硬盘 / 存储测试工具有 hdparm、Bonnie++、IOzone 等。其中，hdparm 是一个用于测试硬盘读写速度的工具，可以测试硬盘的最大传输速度、缓存读写速度等指标；Bonnie++ 是一个用于测试硬盘性能的综合测试工具，可以测试文件创建速度、随机读写速度、顺序读写速度等指标；IOzone 是一个用于测试文件系统和硬盘性能的工具，可以测试顺序 / 随机读写速度、内存缓存效率等指标。

（4）网络性能测试

网络性能测试用于测试网络连接速度、带宽等指标。常用的网络测试工具有 iPerf、ping、Netperf 等。其中，iPerf 是一个用于测试网络带宽的工具，可以测试 TCP/UDP 带宽、网络延迟等指标；ping 用于测试网络连接是否正常，可测试网络延迟、丢包率等指标；Netperf 是一个用于测试网络性能的综合测试工具，可测试 TCP/UDP 带宽、延迟、吞吐量等指标。

Linux 系统的性能测试需要根据具体测试需求选择合适的测试工具进行测试，并根据测试结果进行分析和优化。

3. 兼容性测试

Linux 的兼容性测试是测试系统是否能够与其他软件或硬件兼容，例如硬件设备驱动、外部接口等，也是确保 Linux 内核能够在不同硬件和软件环境中正确运行的重要测试。

（1）内核配置测试

内核配置测试的目的是验证不同的内核配置选项是否能够正确编译和运行。可以使用内核配置工具，如 menuconfig、xconfig、gconfig 等，选择不同的内核配置选项来编译内核，并验证编译后的内核是否能够正常启动和运行。

（2）硬件兼容性测试

硬件兼容性测试的目的是验证 Linux 内核在不同硬件平台上是否能够正常运行。可以选择一些常见的硬件平台，如 x86、ARM 等，安装 Linux 内核并进行验证。另外，还可以使用 Linux 硬件兼容性列表（Linux Hardware Compatibility List）来验证特定硬件设备是否与 Linux 兼容。

（3）软件兼容性测试

软件兼容性测试的目的是验证 Linux 内核是否与其他软件应用程序兼容。可以选择一些常见的软件应用程序，如 Apache、MySQL 等，安装在 Linux 系统上，并进行验证。

4. 安全测试

安全测试主要用于测试系统的安全性能，包括漏洞扫描、攻击测试等。当涉及 Linux 的安全测试时，需要考虑各种攻击和漏洞可能导致的安全风险，这些风险可能包括数据泄露、系统崩溃、远程入侵等。下面是一些常见的 Linux 安全测试案例。

（1）漏洞扫描

漏洞扫描是一种自动化的测试方法，可以用于检测系统是否存在已知漏洞。漏洞扫描器可以扫描系统中的各种服务，包括操作系统、Web 应用程序、数据库等，发现存在的漏洞并提供相应的修补程序。在 Linux 上进行漏洞扫描，可以使用一些工具，如 OpenVAS、Nessus 等。这些工具可以扫描系统中的开放端口和服务，识别已知的漏洞，并生成漏洞报告。

（2）权限测试

权限测试是一种测试方法，用于测试系统或应用程序中是否存在提升权限的漏洞。测试人员可以尝试通过各种方式提升自己的权限，例如访问未经授权的文件或目录、执行系统命令等。在 Linux 上进行权限测试，可以使用一些工具，如 Metasploit、Kali Linux 等。

这些工具可以帮助测试人员模拟攻击者试图提升权限的过程，并发现系统或应用程序中的漏洞。

（3）渗透测试

渗透测试是一种针对系统或应用程序的安全测试，旨在模拟黑客攻击，以发现系统或应用程序的漏洞。渗透测试可以测试系统的安全性、完整性和可用性，以及应用程序的输入验证、访问控制和安全配置等。

在 Linux 上进行渗透测试，可以使用一些工具，如 Metasploit、Nmap、OpenVAS、Aircrack-ng 等。这些工具可以帮助测试人员发现系统或应用程序中的漏洞，并提供解决方案。

（4）加密测试

加密测试是一种测试方法，用于测试系统或应用程序中的加密算法和密钥管理是否安全。测试人员可以测试系统或应用程序中使用的加密算法的强度，以及密钥管理的安全性。

在 Linux 上进行加密测试，可以使用一些工具，如 OpenSSL、GnuPG 等。这些工具可以帮助测试人员测试系统或应用程序中使用的加密算法的强度，以及密钥管理的安全性。

（5）Web 应用程序测试

Web 应用程序测试是一种测试方法，用于测试 Web 应用程序的安全性。测试人员可以测试 Web 应用程序中的输入验证、访问控制、会话管理、错误处理和安全配置等。在 Linux 上进行 Web 应用程序测试，可以使用一些工具，如 OWASP ZAP、Burp Suite 等。这些工具可以帮助测试人员发现 Web 应用程序中的漏洞和安全问题。下面简单介绍几个常用的工具和测试技术。

1）OWASP ZAP：它是一款免费的开源 Web 应用程序安全测试工具，可用于发现 Web 应用程序中的漏洞和安全问题。它提供了一个简单易用的界面，可以帮助测试人员轻松地配置和运行测试。

2）Burp Suite：它是一款流行的 Web 应用程序安全测试工具，可用于发现 Web 应用程序中的漏洞和安全问题。它包含多个工具，如代理、扫描器和破解器，可以帮助测试人员对 Web 应用程序进行全面的测试。

3）SQL 注入测试：SQL 注入是一种常见的 Web 应用程序漏洞，测试人员可以使用一些工具，如 SQLmap，来检测和利用这些漏洞。SQLmap 是一款免费的开源工具，可用于自动化检测和利用 SQL 注入漏洞。

4）XSS 测试：XSS 是一种常见的 Web 应用程序漏洞，测试人员可以使用一些工具，如 XSStrike，来检测和利用这些漏洞。XSStrike 是一款免费的开源工具，可用于自动化检测和利用 XSS 漏洞。

5）CSRF 测试：CSRF 是一种常见的 Web 应用程序漏洞，测试人员可以使用一些工具，如 OWASP CSRFTester，来检测和利用这些漏洞。OWASP CSRFTester 是一款免费的开源工具，可用于自动化检测和利用 CSRF 漏洞。

总之，在 Linux 上进行 Web 应用程序测试需要使用一些工具和技术，这需要测试人员具备一定的技能和经验，测试人员需要了解 Web 应用程序的架构和安全特性，并使用相应的工具和技术来检测和利用漏洞。

习题

7-1　解释 U-Boot 的安装位置对嵌入式系统的启动过程的影响。

7-2　编写几个 U-Boot 命令，用于设置系统参数或执行特定的操作。

7-3　简述 U-Boot 的基本结构在启动过程中的执行流程和相互关系。

7-4　编写一个测试脚本或使用测试工具进行系统测试，并记录测试结果和问题。

参考文献

[1] 刘京洋 . 深入 Linux 内核架构与底层原理 [M]. 北京：电子工业出版社，2022.

[2] 朱雪平，李恒波，温静 . Linux 操作系统基础及应用 [M]. 2 版 . 武汉：华中科技大学出版社，2022.

[3] 左忠凯 . 原子嵌入式 Linux 驱动开发详解 [M]. 北京：清华大学出版社，2022.

[4] 钱晓捷 . 汇编语言：基于 64 位 ARMv8 体系结构 [M]. 北京：电子工业出版社，2022.

[5] 廖建尚，王治国，郝玉胜 . 嵌入式 Linux 开发技术 [M]. 北京：电子工业出版社，2021.

[6] 张平均，欧忠良，黄家善 . ARM 嵌入式应用技术与实践 [M]. 北京：机械工业出版社，2019.

[7] 宋敬彬，等 . Linux 网络编程 [M]. 2 版 . 北京：清华大学出版社，2014.